高等院校学前教育专业创新型系列教材

U0662366

学前儿童行为观察与指导

刘芳 张潺 郑少文 编著

清华大学出版社

北京

内 容 简 介

学前儿童行为观察与指导是学前教育专业的专业核心课,也是幼儿教师必备的基本技能,提升该技能是促进教师专业发展的有效途径。本书突出职业教育的特点,采用活页式编写,配套资源丰富,将理论知识以大量真实、生动的案例形式呈现出来,并落实到项目任务中,引导学习者在"学中做,做中学"。

本书以活页形式,通过课前自学、课中实训、课后提升、任务实操活页及考核评价逐步帮助学习者能够科学观察和记录学前儿童的行为;掌握不同年龄阶段学前儿童的行为特点;科学解释学前儿童的行为和行为变化;科学推测学前儿童行为背后的想法;科学评价幼儿;提供适宜的指导方法,促成学前儿童达到全面发展的目标。

本书可作为高校学前教育、早期教育、婴幼儿托育服务与管理专业教材,也可作为幼儿园教师等在职人员提升用书。本书配有教学视频和教学课件等立体化资源,扫描书中二维码即可参考使用。

图书在版编目(CIP)数据

学前儿童行为观察与指导 / 刘芳,张潺,郑少文编著 .—北京:清华大学出版社,2023.6
(2025.1重印)
高等院校学前教育专业创新型系列教材
ISBN 978-7-302-63270-2

Ⅰ.①学… Ⅱ.①刘…②张…③郑… Ⅲ.①学前儿童-行为分析-高等学校-教材 Ⅳ.①B844.12

中国国家版本馆CIP数据核字(2023)第058894号

责任编辑:张 弛
封面设计:刘 键
责任校对:李 梅
责任印制:丛怀宇

出版发行:清华大学出版社
    网   址:https://www.tup.com.cn, https://www.wqxuetang.com
    地   址:北京清华大学学研大厦A座   邮   编:100084
    社 总 机:010-83470000   邮   购:010-62786544
    投稿与读者服务:010-62776969, c-service@tup.tsinghua.edu.cn
    质量反馈:010-62772015, zhiliang@tup.tsinghua.edu.cn
    课件下载:https://www.tup.com.cn, 010-83470410
印 装 者:三河市铭诚印务有限公司
经   销:全国新华书店
开   本:185mm×260mm   印   张:14.75   字   数:312千字
版   次:2023年6月第1版   印   次:2025年1月第4次印刷
定   价:49.00元

产品编号:094588-02

前　言

　　"学前儿童行为观察与指导"具有非常强的理论性和实践性，是学前教育专业课程体系中非常重要的专业核心课程。通过系统学习观察学前儿童行为的基础知识和记录方法，并依托实践案例和项目任务引导学习者提升观察和记录幼儿的行为、科学分析解释幼儿行为的能力，并且能够根据幼儿的发展水平、存在的问题、个体差异、需求和兴趣，提出适宜的指导方法，帮助学前儿童更好地全面发展。

　　党的二十大报告提出：深入贯彻以人民为中心的发展思想，在"幼有所育，学有所教"等方面持续用力，人民生活全方位改善。同时还强调要推进教育数字化，建设全民终身学习的学习型社会、学习型大国。本书聚焦"幼有所育"，充分利用数字化资源，着力提升幼儿教师的儿童行为观察与指导能力。本书具有以下特点。

　　第一，科学性与实践性。本书遵循《高等职业院校学前教育专业教学标准》《3~6岁儿童学习与发展指南》《幼儿园教育指导纲要（试行）》和《幼儿园教师专业标准（试行）》等标准和政策的要求，并参考大量权威学术著作，做到概念定义准确、原理阐释清晰。通过教师在入园实践和学生实习实训中采集到的大量真实、生动、有效的实践案例帮助学习者充分理解幼儿行为观察分析的基本理论，掌握科学指导幼儿的技能。

　　第二，校企深度融合，双元编写。本书联合企业优秀专家共同编写，立足岗位实际，将企业一线实践经验和学生实习实训成果转化为配套教学资源，真正做到了校企合作，岗课融通。

　　第三，突出职业教育特点。本书在编写体例上突出职业教育特点，强调对专业知识的自主建构与认知，关注学生专业能力的养成。本书采用活页式编写，将理论知识以大量真实、生动的案例形式呈现出来，并落实到项目任务中，引导学习者在"学中做，做中学"。通过课前自学、课中实训、课后提升、任务实操活页及考核评价逐步帮助学习者能够科学观察和记录学前儿童的行为；掌握不同年龄阶段学前儿童的行为特点；科学解释学前儿童的行为和行为变化；科学推测学前儿童行为背后的想法；科学评价幼儿；提供适宜的指导方法，促成学前儿童达到全面发展的目标。

　　第四，配套资源丰富，便于教学和学习。本书突出应用性和操作性，聚焦学前儿童全面发展，配套课程标准、PPT、习题、微课、考核评价表等教学资源，便于教师教学和学生理解掌握，同时可更好地实现过程化考核。

　　第五，落实教育类课程立德树人要求。本书注重对学生价值观的培育，完善课程顶层设计，在课程标准原有的知识、能力等课程目标基础上，进一步强调社会主义核心价值观、师德师风、幼儿教师职业精神的价值引领作用。引导学生认识教师对幼儿全面发展的重要性和"幼有所育"对国家、社会、家庭的重要性，着重培养学生作为未来教育工作者的责任感和使命感，引导学生努力成为有理想信念、有道德情操、有扎实学识、有仁爱之心的"四有"好教师。

第六，适用范围广。本书可作为学前教育、幼儿保育、早期教育、婴幼儿托育服务与管理专业的教材，也可作为幼儿园、托育园、早教机构教师培训和教研活动的指导手册，书中每一个项目都可作为教育机构的教研和培训的主题。同时，本书还可作为关注幼儿教育的家长科学育儿的参考用书。

本书由济南职业学院刘芳副教授主持开发、确立教材体例和章节内容，由刘芳、张潇、郑少文编著，刘芳负责修改和统稿工作。本书具体编写分工如下：项目一～项目四、项目七、项目九由济南职业学院刘芳副教授编写，项目五和项目八由济南职业学院学前理论教研室主任张潇编写，项目六由济南市婴幼儿托育行业协会秘书长郑少文编写。本书在编写过程中引用了诸多国内外相关专著、教材，在此向相关作者表示感谢！

编著者
2023 年 1 月

教学课件　　　　　拓展资源

目　录

教材资源目录

项目一
认识学前儿童行为观察

◎ 项目概述

学前儿童行为观察是幼儿教师必备的基本技能，也是促进其专业发展的有效途径。学前儿童行为观察要求幼儿教师掌握这些技能：科学记录和分析学前儿童的行为；掌握不同年龄阶段学前儿童的行为特点；科学解读学前儿童的行为和行为变化；科学推测学前儿童行为背后的想法；运用科学方法及时满足学前儿童的个性化需求，科学评价学前儿童，促成学前儿童达到发展的目标。教师只有掌握学前儿童行为观察与分析的技能，才能胜任教师岗位，与学前儿童进行良好的互动，进而达到教育目的，促进学前儿童发展。

本项目重点学习学前儿童行为观察的概念、意义和学前儿童行为观察与指导的主要内容和基本步骤，并在此基础上进行学前儿童行为观察与指导。

✎ 学习目标

素质目标：

1. 树立科学的儿童观、评价观；
2. 具有问题意识、研究意识以及严谨的科学态度；
3. 形成良好的伦理道德意识；
4. 培养学前教育工作者的责任感和使命感。

知识目标：

1. 理解观察、行为、学前儿童行为观察的内涵；
2. 理解学前儿童行为观察的意义；
3. 掌握学前儿童行为观察需要做好的准备；
4. 了解观察者应具备的基本素质；
5. 掌握观察过程中的注意事项。

能力目标：

1. 能够根据观察者应具备的基本素质有目的地做好观察准备；
2. 能够根据观察目的制订初步的观察计划。

案例导入

【案例1-1】

冰冰是刚进入幼儿园实习两个月的教师，她在中班实习时发现，班里很多小朋友都喜欢向她"告状"，有时甚至会影响正常活动的进行。同时，冰冰发现这些孩子却很少向主班教师"告状"，主班教师组织的活动往往能够顺利进行，效果较好。冰冰向其请教原因，主班教师笑着建议冰冰通过观察幼儿的行为找到原因并加以解决。那么冰冰具体应该怎么做呢？

课前自学

知识点拨

什么是观察

观察是指通过人的感官，从周围环境中获得信息，并进行组织、说明的过程。观察可以分为两大类型，即一般观察（日常生活中的观察）和专业观察（作为科学研究手段的观察）。

一、一般观察

一般观察是区别于作为科学研究手段的专业观察而言的，是我们在日常生活中的观察，所以又称日常观察。在日常生活中，我们随时都会进行观察，人会用眼睛去看、用耳朵去听、用鼻子去闻……观察是人类一种天生的本能。

二、专业观察

专业观察是为了职业要求或科学研究而进行的，是观察者通过感官或辅助仪器，有目的、有计划地对自然状态下发生的现象或行为进行系统、连续的考察、记录、分析，从而获取事实材料的过程。

和一般观察不同，专业观察是以正确地了解为目的，为了职业要求或科学研究而进行，是有明确目的、计划安排，有一定控制和严格记录的观察。

知识点拨

什么是行为

关于"行为"的解释有很多种，一般认为，行为有广义和狭义之分。

狭义的行为，是指个体的一言一行、一举一动，是表现在外的，而且能被直接观察、描述、记录或测量的活动。比如一个人说话、走路、唱歌、游戏、大笑、哭泣等活动都是观察过程中的行为，这些都是个体表现在外，而且能被别人直接观察、描述、记录或测量的活动。这些活动不但可以由别人直接观察到，而且可以利用一些设备，如录音机、摄像机、计时表等工具把它们记录下来，再加以分析研究和处理。如果这样理解在观察中的"行为"，那就必须是直接的行为事实，在观察过程中，就必须将这些行为事实进行记录，以免疏漏遗忘。在进行记录以后，还要对这些记录下来的资料进行补充、整理、分析，观察者才能提出自己对被观察者行为的判断，以此来解释被观察者行为的个人意义。

所谓广义的行为，是指人的行为不只限于直接观察到的、可见的外在活动，还包括以外在行为为线索，间接推断内在的心理活动和心理过程。前述对行为的狭义理解，即行为是可以被观察、被描述、被记录的行为，其实只能代表被观察者个人行为的一小部分，而并非全部。然而这部分是观察者可以收集到的事实，也是观察者可以用来对被观察者的内心进行推断的依据。但是，被观察者还有其他不可能由观察者直接收集到的部分，包括被观察者的情绪、思维、意愿、个性等，必须通过反映行为事实的资料来猜想、假设、评估或推测。因此，所谓的"行为"就不只限于直接观察可见的外在活动，还包括以外在行为为线索，间接推论的人内在的心理活动和心理过程，这就是广义的对行为的解释。

知识点拨

什么是幼儿行为观察

幼儿行为观察，是针对幼儿进行的专业观察，是在对幼儿的行为了解的基础上，对他们的个性、需要、兴趣等不同方面的了解，从而调整教育行为和教育策略。

幼儿行为观察是通过感官或仪器，有目的、有计划地对自然状态下发生的幼儿行为及现象进行观察、记录、分析，从而获取事实资料的方法。

知识点拨

幼儿行为观察的主要内容

学前儿童行为观察的具体内容有很多，包括学前儿童所有行为表现的内容，概括起来大致有以下几个方面：学前儿童日常生活的行为（如厕、进食、睡眠等）观察，学前儿童学习和发展中的行为（包括健康领域、语言领域、社会领域、科学领域、艺术领域的学习和发展）观察，学前儿童的游戏行为观察（图1-1），学前儿童的问题行为观察等。

图1-1 幼儿集体游戏

📝 知识点拨

幼儿行为观察的准备

科学的幼儿行为观察，并非盲目或随意地"看"一些东西，而是有目的、有计划地观察，在观察前应做好充分的准备工作。幼儿行为观察准备包括以下几方面内容。

一、明确观察目的和观察任务

在观察前，观察者只有提出明确的目的和具体的任务，才能将注意力集中到被观察对象的行为上，从而深入细致地进行观察。从宏观层面讲，观察的目的是了解某些幼儿行为的事实真相，从而提出合适的教育策略。幼儿行为观察除了可以了解幼儿的行为意义外，还可以达到教育功能方面的目的。例如，通过对幼儿发展的评价和对幼儿发展状况的了解而间接了解教师保教工作；还可以对班级集体行为进行分析及教育研究工作等。从微观层面讲，观察的目的就是明确观察的对象是谁，想要了解幼儿的哪些现象，我们要通过这样的观察达到什么目的。观察目的决定了观察的主题、内容和方法。

二、制订严密的组织计划

研究者在明确观察目的和观察任务的基础上，制订严密的观察计划，即观察者对观察活动的时间、顺序、过程、对象、使用仪器、记录方法、设计表格等，预先做好充分的准备和安排。观察时，观察者要按照观察计划提高观察的效率和质量，提高所得资料的准确性和可靠性。

三、拟定观察提纲

为保障观察的顺利实施，在观察之前，观察者要根据观察目的拟定观察提纲，观察提纲通常包括观察时间、观察地点、观察对象、观察目的、观察记录方法、观察目标。

四、做好充分的物质准备

物质准备包括准备观察实施时使用的记录卡片、音像设备等，以及对参与观察的研究人员进行培训。当有多个观察人员时，培训会使他们理解观察的目的和重点，明确观察方式，熟悉观察设备和记录方法，用一定的标准进行规范的观察和记录，减少观察的误差。最好是在正式观察前做一些观察练习，这样可以发现哪些方面准备得不充分，并进行修正。

📖 自学自测

一、填空题

1. 专业观察是为了职业要求或科学研究而进行的，观察者通过感官或（　　　　），有（　　　）、有（　　　）地对自然状态下发生的现象或行为进行系统、连续的考察、记录、分析，从而获取事实材料的过程。

2. 为了了解幼儿的行为所表明的真实意义，对幼儿行为的观察一定要在（　　　）状态下进行。

3. 关于"行为"的解释有很多种，一般认为，行为有（　　　）和（　　　）之分。

4. 观察提纲通常包括（　　　）、（　　　）、（　　　）、（　　　）、（　　　）和（　　　）等部分。

5.《幼儿园教育指导纲要（试行）》中指出：尊重幼儿在发展水平、能力、经验、学习方式等方面的（　　　），（　　　），努力使每一个幼儿都能获得满足和成功。

二、简答题

1. 什么是广义的行为？
2. 幼儿行为观察需要做好哪些准备？

课中实训

实训目标

1. 能够掌握学前儿童行为观察与评价的基本步骤。
2. 能够认识到学前儿童行为观察的重要性。
3. 能够做好学前儿童行为观察的准备。
4. 能够掌握观察过程中的注意事项。
5. 增强学前教育工作者的责任感和使命感。

实训内容

任务一　理解专业观察的内涵
任务二　理解幼儿行为观察的意义
任务三　做好幼儿行为观察的准备
任务四　掌握观察过程中的注意事项

实训条件

实训条件如表 1-1 所示。

表 1-1　项目一实训条件

名　称	实 训 条 件	要　求
实训环境	理实一体化教室	校园网无线 WiFi，可在线观看线上资源
物品准备	1. 签字笔； 2. 记录本（活页）； 3. 手机或平板电脑等录音录像设备； 4. 投影仪或一体机； 5. 学前儿童行为影像资料	案例材料充足，满足学生需求
知识准备	1. 初步掌握学前儿童行为观察相关理论知识； 2. 初步掌握学前儿童行为观察操作技能	理解记忆相关知识点

实训步骤

1. 列表比较一般观察与专业观察的区别。
2. 小组讨论学前儿童行为观察需要做好的准备。
3. 小组讨论观察者应具备的基本素质。
4. 小组讨论观察过程中的注意事项。

任务一　理解专业观察的内涵

情境导入

在前面的先导案例中，主班教师建议冰冰通过观察幼儿的行为找到原因进而解决中班幼儿"告状"的问题。为做好幼儿行为观察，冰冰应当怎样理解专业观察的内涵？

任务提示

1. 一般观察有哪些特点？专业观察有哪些特点？
2. 什么是行为？什么是幼儿行为？应当怎样去观察？

知识点拨

一 般 观 察

通过日常生活中的一般观察，我们能够收集到大量的现象和信息，丰富我们的经验储备，但是这些信息往往具有主观性、偶然性和零碎性，并不能说明问题。日常生活中，我们的观察常常是因为好奇而引起的，因此，大多数日常生活中的一般观察并没有预先设定的目的。由于日常观察是随机发生的，所以在观察发生时，我们可能只注意到了事物、现象或人的行为的某个方面，或者某些片断，而错过了另一些互有联系的现象、行为或片断。另外，有时候所观察到的现象只是偶发事件或在特殊背景下才有的行为，不能代表被观察者的典型状况。

在进行大多数日常生活中的观察时，观察者仅针对他们感知到的内容做出判断，这种观察可以概括为"事实获取→主观判断"。事实的获取是观察者个人接收客观资料的部分，在这部分中，观察者对他所感兴趣的内容进行收集。主观的判断是个人针对所获得的事实做主观解释的部分。一般观察中的主观判断比较武断，很少包括对诸如"所获得的信息是否确实""是否能代表重要的事实""所下的判断是否仅靠感觉或情绪，或是经过合理推论的结果"等问题进行思考，而只是针对事实下一个自己认为合适的判断。

<h2 style="text-align:center">专业观察的特点</h2>

和一般观察不同，专业观察是以正确地了解为目的，为了职业要求或科学研究而进行，是有明确目的、计划安排，有一定控制和严格记录的观察。

专业观察的目的性表现在对某项（次）观察所要解决的问题、所要获取的资料，有预先明确的确定性，并能对所要观察到的问题或变量做出明确的操作性定义。明确观察目的是在科学研究中运用观察法的基本要求。

专业观察的计划性是对观察活动的时间、顺序、过程、对象、设备、记录方法和材料等都有预先的计划、安排和准备。这些计划安排可以使观察的效率和质量得以提高。

在日常生活中，人的观察常常是因为好奇而引起的，因此搜集的资料也是有限的、零散的。而专业的观察需要收集多方面的客观资料，并针对目的来追求正确的判断。因此，通过专业的方法收集、记录、分析事实资料，并且尽可能没有误差地做出正确的解释，就显得格外重要。为使事实的获取更具有客观性，在收集资料的过程中，可以使用仪器、工具等方式来记录和保存事实资料，以保持事实的原貌，不加以任何扭曲。专业的观察在收集了多方面的资料以后，还要针对客观的资料进行缜密的分析、归纳、推理、假设等思考过程。在观察过程中所做的判断可能只是暂时的假设，还需要收集客观事实来验证。

因此，专业的观察并不是日常生活中观察的"事实获取→主观判断"那么简单的过程，专业的观察是这两者不断往复的过程，形成一个"事实获取→主观判断"和"主观判断→事实获取"的往复历程，一直到对收集到的事实所下的主观判断达到满意有效的解释为止。在主观判断的过程中，需要观察者运用创造性思考和批判性思考，使其对事实的解释符合理性或逻辑。一般认为，专业的观察才是可信的，因为只有专业观察才有目的、有计划、有详细且科学的记录。

📖 知识点拨

<h3 style="text-align:center">幼儿行为观察的特征</h3>

一、幼儿行为观察是在自然条件下进行的观察

为了了解儿童的行为所表明的真实意义，对幼儿行为的观察一定要在自然状态

下进行。所谓的自然状态，也就是对所观察的现象或行为不加任何人为控制，使它们以本来的面目客观地呈现出来。例如，观察幼儿生活自理情况，就应该在幼儿日常进餐、如厕、穿脱衣服等过程中，并且是在其熟悉的环境中进行。

二、幼儿行为观察是一种有目的、有计划、有一定控制的研究方式

虽然对幼儿行为的观察是在自然状态下进行的，但是并不等于对幼儿行为观察完全任其自然。作为科学研究的方法之一，观察的过程不能完全任其自然而毫无控制，尤其是比较正式的观察方法中。为了尽量地减少误差，提高结论的可靠性，观察者应当对观察的步骤、途径、方式等进行一定的控制，因此幼儿行为观察所要解决的问题、要获取的资料很多都是预先决定的，表现在对观察活动的时间、顺序、过程、对象、仪器、记录方法等大多是事先安排好的，并对所要观察的问题做出明确的操作性定义。也就是说，观察者应当将观察步骤、途径、方式等在一定程度内纳入控制。例如，观察什么、用什么方法进行观察、怎样观察、在哪里观察、在什么时间观察等。因此，幼儿行为观察是一种有目的、有计划、有一定控制的研究方式。

三、幼儿行为观察需要收集多方面的客观资料

对客观事实的了解除了运用观察者的感官之外，还可以运用各种能够帮助收集观察对象资料的仪器或工具，运用这些仪器或工具的目的只有一个，那就是尽可能使观察到的事实以原貌被保存下来。也就是说，收集客观资料的途径有两个：第一是运用人的感官来收集资料；第二是运用各种能够帮助收集观察对象资料的仪器或工具来收集资料。因此，在观察过程中的记录（各种方式的）尤为重要。在观察过程中进行记录时，同

扫码学习 1.1 幼儿行为观察的特征微课

时把对行为的客观描述和对这些行为的主观解释与评价严格地区分开。无论采用何种记录方法（人工的或其他的），都要强调其客观性，保持其原貌，不加以任何扭曲或随意的猜想。

任务实操1-1

1. 列表比较一般观察和专业观察的区别，填入本项目末活页中。
2. 搜集资料，小组举例讨论幼儿行为的专业观察包括哪些特征，填入本项目末活页中。

任务二　理解幼儿行为观察的意义

情境导入

在先导案例中，实习教师冰冰注意到中班幼儿"告状"行为，并向主班教师请教解决之道，为什么主班教师建议冰冰对幼儿进行行为观察呢？

任务提示

1. 有意识地对幼儿的行为进行观察对保教工作有什么意义？
2. 对幼儿的行为进行观察对教师的专业发展有什么意义？

知识点拨

幼儿行为观察的意义

《幼儿园教育指导纲要（试行）》（以下简称《纲要》）指出："（一）以关怀、接纳、尊重的态度与幼儿交往。耐心倾听，努力理解幼儿的想法与感受，支持、鼓励他们大胆探索与表达。（二）善于发现幼儿感兴趣的事物、游戏和偶发事件中所隐含的教育价值，把握时机，积极引导。（三）关注幼儿在活动中的表现，敏感地察觉他们的需要，及时以适当方式应答，形成合作探究式的师生互动。（四）尊重幼儿在发展水平、能力、经验、学习方式等方面的个体差异，因人施教，努力使每一个幼儿都能获得满足和成功。（五）关注幼儿的特殊需要，包括各种发展潜能和不同发展障碍，与家庭密切配合，共同促进幼儿健康成长。"

《纲要》中的"关注、倾听、理解、发现、尊重、因人施教、特殊需要"等都在强调，教育的前提是要使教师、家长真正地了解幼儿，要关注幼儿的不同发展水平及需要。这就要求我们在正确理念的指引下，运用一些方法与技术对幼儿进行充分了解，其中行为观察的方法无疑是意义重大的，主要体现在以下几个方面。

一、理解需求，促进交流

观察不但可以使我们了解幼儿在言语表达、身体运动、社会性等方面的发展状况，还可以通过对幼儿外部行为特征的分析，帮助我们深入了解幼儿的心理状况。一般来说，幼儿的心理变化往往能通过语言、表情、动作等方式表露出来。充分理解幼儿的需要，才能真正实现和幼儿的交流，从而有的放矢地开展保教工作。

二、评估水平，促进发展

通过观察了解幼儿的发展水平，科学评价幼儿，促使其实现发展目标。

（1）通过观察可以了解幼儿的经验获得水平。教师深入幼儿中去观察他们的言行，倾听他们的交谈，就能不同程度地了解该阶段的幼儿所获得的各种经验内容、经验的来源以及产生的影响。

（2）通过观察可以了解幼儿的能力发展水平。在幼儿园中，对幼儿能力发展水平的了解，一般是通过等级评定考察和观察两种途径来实现的。对从事教育实践的教师来说，观察比正式的等级评定考察要简便易行，而且观察更能真实地反映幼儿的客观状况，更能全面地了解幼儿的能力发展水平。

（3）通过观察还可以了解幼儿个体的学习方式。教师要满足幼儿在活动中的不同需要，就必须通过认真细致的观察，了解幼儿的兴趣以及他是如何和同伴交往、如何与材料相互作用、如何表达自己的经验等个体的学习特点，才能根据幼儿的个体特点实施有效的教育。

三、发现异常，及时干预

幼儿行为观察与评价有利于及时发现幼儿的异常行为，以便能及时采取科学的干预措施。通过行为观察可以尽可能早地发现幼儿身心发育的异常，如注意力缺陷综合征、孤独症、神经发育迟缓、脑瘫、语言发育迟缓、耳聋等疾病，从而及时采取合理的干预措施，使幼儿得到更好的发展。

四、提升素养，拓展技能

幼儿行为观察与评价既是保教工作者必备的基本技能，又是促进其专业发展的有效途径。幼儿行为观察要求保教工作者做到：科学记录和分析幼儿的行为；掌握不同年龄阶段幼儿的行为特点；科学解读幼儿的行为和行为变化；科学推测幼儿行为背后的想法；运用科学方法，及时处理婴幼儿的个性化需求；科学评价婴幼儿，促成幼儿达到发展的目标。保教工作者只有掌握幼儿行为观察与评价的技能，才能胜任保教岗位，与幼儿形成良好的互动关系，进而达到保教目的，促进幼儿发展。

同时，幼儿行为观察与评价的过程是一个参与研究的过程，而参与研究是专业的发展最重要且最有效的途径之一。保教工作者将观察幼儿作为自己参与研究、改进保教工作的手段，能反思自己的教育理念和保教行为，感悟和提升自己的保教能力。要成为一名优秀的反思型的保教专家，观察幼儿、了解幼儿是基础。保教工作者可以利用观察方法、观察工具进行观察，获得有关的资料，通过对所收集资料的分析，反思自己的保教活动实践从而获得实践知识，吸取他人的经验，改进自己的保教技能，提升自己的专业素养。

五、有的放矢，优化管理

幼儿行为观察与评价有利于托幼机构更好地组织保教工作。托幼机构的保教活动是有目的、有计划的保育教育过程，制订保教计划应当结合幼儿当前自身的需要、未来发展和社会需要。如何使保教工作满足幼儿的需要和兴趣，为幼儿提供一个能够让他们自由游戏和发展的空间，其中很重要的一点就是要观察幼儿、了解幼儿。在保教过程中有目的、有计划地观察幼儿，关注幼儿的谈话、讨论、对某些事物和事件的反应，了解他们的需求和兴趣所在，将幼儿发展、幼儿的需求和兴趣以及社会需要紧密结合，才能将保教工作做好。

六、指导家庭，科学养育

掌握一定的幼儿行为观察知识也是家长科学育儿的有效途径。家长学习一定的幼儿行为观察知识，既有利于家庭对幼儿的日常照护，也有利于通过科学的家庭教养促进幼儿的身心发展。

任务实操1-2

小组讨论，列表举例总结幼儿行为观察的意义，填入本项目末活页中。

任务三　做好幼儿行为观察的准备

情境导入

针对先导案例，实习教师冰冰为了观察中班幼儿"告状"行为，需要事先做好哪些准备呢？

任务提示

1. 科学的幼儿行为观察是有目的、有计划地观察，应当在观察前做好充分的准备工作。

2. 为做好观察，冰冰需要做好哪些物质准备？

知识点拨

拟定观察提纲

（1）观察地点：应写出详细地址。

（2）观察时间：确定具体的观察时间。

（3）观察对象：根据具体情况，观察对象可为一名或多名幼儿。应写明被观察幼儿的性别、年龄、所在班级、肖像描述。

（4）观察目的：略。

（5）观察方法：具体的观察记录方法将在项目二中详细介绍。观察方法应围绕观察目的和观察目标来选取一种或多种。

（6）观察目标：根据观察方法，写出观察目标，将在项目二中详细介绍。

任务实操1-3

根据先导案例尝试拟定初步的观察提纲（因具体观察记录方法还未学习，提纲中对观察方法不做具体要求）。

任务四　掌握观察过程中的注意事项

情境导入

在先导案例中，实习教师冰冰在主班教师的建议下，拟定了初步的观察提纲，准备尝试对爱"告状"的幼儿进行行为观察。这时，主班教师提醒冰冰，在观察过程中还有很多需要注意的问题。

任务提示

1. 在对幼儿的观察中，观察者如何才能观察到自然状态的行为？
2. 如何尽量保障观察的客观性？

知识点拨

观察过程中的注意事项

一、消除观察反应性现象

当观察对象知道有人在观察他时，会改变自己的行为，做出不正常、不自在的反应，这时所获取的幼儿行为的信息和资料是要消除或避免这方面的干扰。观察者不要急于记录观察到的情况，要预先来到观察现场，与被观察者交朋友，使被观察者不再有陌生感，熟悉观察者的存在、对观察者的活动失去兴趣后再进行观察记录。记录时坐在或站在一个不容易被幼儿看到的位置，尽量不要让幼儿发现你在"看着"他。

二、消除观察者放任现象

观察者放任现象是指观察者在观察记录了幼儿的部分行为以后，感到对幼儿的反应已经"了如指掌"，因而产生厌倦情绪，不再严格依据观察计划认真详细地观察和记录，导致资料的积累逐渐失去客观性和精确性。要消除这一现象，就要求观察者在整个研究过程中必须始终保持一种严肃认真的科学态度，保证所获得的观察资料科学、客观、可信。

三、注意遵守伦理道德

伦理道德问题是所有观察和教育研究中不可忽视的因素，观察过程中主要应该做到以下几点。

（1）观察前应得到许可。父母或监护人有权利同意或拒绝幼儿被观察。因此，进行观察前应获得父母的同意。必要时，要与家长有清楚的协议，让研究对象了解他们能从观察中获得什么以及需要履行什么义务。

同时，观察者在使用任何观察资料前都应该得到保教机构主管人员，如园长、保教主任等的许可。

（2）尊重儿童的隐私权。在书写或口头报告观察结果时，除非有必要用真名，否则对于观察对象应以代号或化名呈现，避免记载或透露幼儿的真实姓名。观察数据须小心收存，不要将记录留在任何人可以随意拿到的地方。观察记录仅提供给"必要知悉"的人士，如教师、家长、社工人员等，其他人士必须事先获得家长的书面同意后才可以查看。

四、保障观察信度

观察信度是指观察者在观察记录或评估中对观察现象把握的精确程度和稳定程度。

（1）观察次数越多，观察的信度越高。

（2）信度随观察时间的增长而提高，但最佳信度发生在每次观察时间由 10 分钟增加到 20 分钟时，20 分钟以上时信度趋于稳定。

（3）参考观察次数与时间：某些研究表明，最佳次数与时间长度的组合为观察 5 次，每次 30 分钟。根据观察者的条件，可减至 3 次，每次 30 分钟；3 或 4 次，每次 20 分钟；或根据特定班级活动时间的长度酌情而定。

五、避免给幼儿贴标签

当幼儿因为自己的行为被贴上某一个"标签"，这个标签所形成的社会及心理压力最后会反过来影响幼儿的自我认同，促使幼儿做出符合标签的行为，而使这样的行为愈演愈烈，所以应避免给幼儿贴标签，不管这个标签是正面的还是负面的。

负面标签会让幼儿产生羞愧感，而正面标签会让其过度膨胀，都会摧毁幼儿的自我价值。

图 1-2　小艾伯特实验

任务实操1-4

上网查找小艾伯特实验相关资料（图 1-2），小组讨论在行为观察和教育研究中，为什么必须要遵守伦理道德，填入本项目末的活页中。

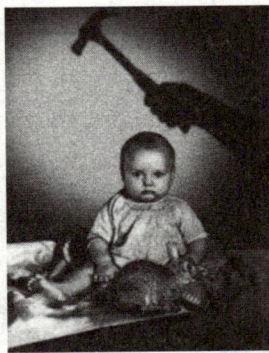

课后提升

巩固提升

1. 扫码观看微课，在了解了观察者应具备的基本素质以后，分析自己作为观察者已具备哪些素质，哪些素质还需要提升，通过什么措施提升。将结果填入本项目末活页表。

2. 查看抖音等线上视频，讨论哪些可以作为幼儿行为观察的参考资料，哪些不可以做参考资料，为什么？

扫码学习 1.2 观察者应具备的基本素质微课

拓展资源

1. 小艾伯特实验
2. 经典推介

《儿童心理之研究》陈鹤琴著

考核评价表见以下活页手册。

（以下三页实操活页可拆下用于完成任务）

扫码学习 1.3 小艾伯特实验微课

✦ 任务实操活页

任务实操1-1

1. 列表比较一般观察和专业观察的区别。

一般观察和专业观察的区别

序　　号	一 般 观 察	专 业 观 察

2. 搜集资料，小组举例讨论学前儿童行为的专业观察包括哪些特征并记录。

学前儿童行为专业观察的特征

学前儿童行为观察的特征	说　　明	举　　例

任务实操1-2

小组讨论，列表举例总结学前儿童行为观察的意义。

学前儿童行为观察的意义

意　　义	举　　例

任务实操1-3

根据先导案例尝试拟定初步的观察提纲（因具体观察记录方法还未学习，提纲中对观察方法不做具体要求）。

初拟观察提纲

_____

_____

_____

_____

_____

_____

任务实操1-4

上网查找小艾伯特实验相关资料，小组讨论在行为观察和教育研究中，为什么必须要遵守伦理道德。

✦ 任务实操考核评价

班级＿＿＿＿＿ 组别＿＿＿＿＿ 姓名＿＿＿＿＿ 学号＿＿＿＿＿ 日期＿＿＿＿＿ 评价项目＿＿＿＿＿

评价阶段	评价内容	分值	佐证材料	学生自评	小组互评	教师评价	平台数据
课前自学	"扫码学习"完成度	10	平台数据				
	自学自测	10	是否完成测试题				
课中实训	任务实操 1-1 完成情况	20	实操作业				
	任务实操 1-2 完成情况	10	实操作业				
	任务实操 1-3 完成情况	10	实操作业				
	任务实操 1-4 完成情况	10	实操作业				
	问题意识、研究意识、科学态度和伦理道德意识	5	是否善于发现问题，具有严谨的治学态度，能否遵守伦理道德				
	保教工作者的责任感和使命感	5	是否具备为国家、社会、家庭和幼儿奉献的精神				
课后提升	巩固提升	10	平台数据				
	拓展资源完成度	10	平台数据				
项目得分			教师签名				

评价说明： 项目评价分值仅供参考，教师可以根据实际情况进行调整。在本项目完成之后，由任课教师主导，采用过程性评价与结果评价相结合，综合运用自我评价、小组评价和教师评价三种方式，由教师确定三种评价方式分别占总成绩的权重，计算出学生在本项目的考核评价得分（平台数据完成的打"√"，未完成的打"×"）。

项目二
学前儿童行为观察与记录的方法

项目概述

本项目主要学习几种常见的学前儿童行为观察记录方法：叙述的方法（日记描述法、轶事纪录法和实况详录法）、取样法（时间取样法和事件取样法）、评价法（行为检核法、等级评定量表法）及数码影音工具辅助法。结合具体案例分析各方法的含义、优缺点及格式类型，并在实践过程中能够灵活选择应用观察记录方法，科学记录学前儿童的行为。

学习目标

素质目标：

1. 形成务实求真的科学态度；
2. 培养全面严谨的思辨精神。

知识目标：

1. 了解各种行为观察与记录方法的含义；
2. 掌握常见的学前儿童行为观察记录方法的操作要点及常见格式；
3. 掌握各种行为观察与记录方法的优势与局限性。

能力目标：

1. 能够根据观察目的选择合适的观察记录方法；
2. 能够在观察记录过程中尽量避免所选观察方法的局限性带来的影响。

案例导入

【案例2-1】

在项目一中，冰冰作为中班实习的教师，注意到班里幼儿诸多的"告状"行为，在主班教师的建议下冰冰尝试对幼儿进行观察，主班教师建议冰冰先系统学习学前儿童行为观察与记录的方法，再选择合适的方法对幼儿的行为进行观察和记录，获取足够的相关信息。那么都有哪些行为观察与记录的方法呢？它们各自都有什么特点？在实际应用中应该怎样挑选呢？

课前自学

📖 知识点拨

观察记录方法分类

不同标准下，观察记录方法可分为不同类型，不同的观察记录方法各有其优势和局限性，因而各有其适用范围和条件。

一、叙述法

叙述的观察记录方法也称文字记录法，是指在观察记录中运用文字描述、记录被观察者连续、完整的心理活动事件和行为表现的一种观察方法。如日记描述法、轶事记录法、实况详录法等都属于描述观察。

二、取样法

取样观察记录方法是选择特定时间内的行为进行观察记录或者依据一定的标准选取被观察对象的某些行为表现进行观察记录的一类方法。常见的取样观察记录方法包括时间取样记录法和事件取样记录法。

三、评价法

评价观察记录方法是为了提高观察的便捷性，在观察的基础上，运用表格符号、数字等对被观察者行为或事件做出评价的种方法，如行为检核法、等级评定量表法。

另外，随着数码影音技术的发展和产品的普及，利用数码影音工具对学前儿童行为进行辅助记录也越来越多地被观察者采用。

📖 知识点拨

科学选择观察记录方法

不同的观察记录方法有其各自的特点，适用于不同的观察情境。每一种观察方法都不是完美无缺的，它们都有各自的优势与局限性。接下来重点学习每种观察记录方法的操作要点和它们的优势与局限性。这样就可以在实际的观察中围绕观察目的来科学地选择观察记录方法，更好地达成观察目标。在对学前儿童进行观察时，根据具体情况，可以选择一种观察记录方法，也可以几种观察记录方法相结合。

📖 自学自测

一、填空题

1. 文字描述观察记录方法包括（　　）、（　　）和（　　）。
2. 学前儿童观察记录方法中的取样法通常包括（　　）和（　　）。

3. 学前儿童观察记录方法中的评价法通常包括（　　　）和（　　　）。

二、判断题（请在你认为正确的题目前打"√"，错误的打"×"）

1. 在对学前儿童进行观察时，要根据观察记录方法来确定观察目的。（　　　）

2. 学习观察记录方法的目的是要筛选出最好的一种观察记录方法来适应对学前儿童的观察。（　　　）

3. 每一种观察记录方法都有它们各自的优势和局限性。（　　　）

4. 取样法也称为文字记录法。（　　　）

5. 行为检核法属于评价记录法。（　　　）

课中实训

实训目标

1. 能够掌握常见的学前儿童行为观察记录方法的含义。
2. 能够掌握常见的学前儿童行为观察记录方法的操作要点及格式类型。
3. 能够掌握常见的学前儿童行为观察记录方法的优势与局限性。
4. 能够在实践过程中灵活选择和应用观察记录的方法。
5. 形成务实求真的科学态度，培养思辨精神。

实训内容

任务一　掌握日记描述法

任务二　掌握轶事记录法

任务三　掌握实况详录法

任务四　掌握时间取样法

任务五　掌握事件取样法

任务六　掌握行为检核法

任务七　掌握等级评定量表法

实训条件

实训条件如表 2-1 所示。

表 2-1　项目二实训条件

名　称	实训条件	要　求
实训环境	理实一体化教室	校园网无线 WiFi，可在线观看线上资源

续表

名 称	实 训 条 件	要 求
物品准备	1. 签字笔； 2. 记录本（活页）； 3. 问卷量表； 4. 手机或平板电脑等录音录像设备； 5. 投影仪或一体机； 6. 学前儿童行为观察记录资料	案例材料充足，满足实训需求
知识准备	1. 具备学前儿童行为观察记录方法相关理论知识； 2. 具备学前儿童行为观察记录方法相关操作技能	理解记忆相关知识点

实训步骤

1. 通过案例分析掌握各种具体的观察记录方法。
2. 分组讨论各种观察记录方法（图 2-1）的优势和局限性。

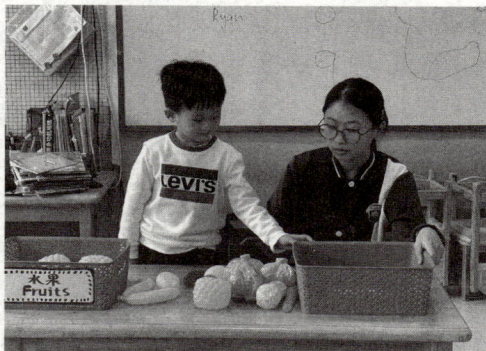

图 2-1　教师观察幼儿

任务一　掌握日记描述法

情境导入

阅读以下案例，为完成本任务做好准备。

【案例 2-2】

我国最早采用日记描述法开展观察研究的是著名儿童教育家陈鹤琴。他采用长期观察、追踪记录的方法，以儿子陈一鸣为研究对象，从出生的第 2 秒开始，对其身心发展进行了长达 808 天的连续观察和文字、摄影记录，内容包括幼儿动作、感知、记忆、思维、能力、情绪、意志、言语、知识、绘画、道德等各方面的发展状况，共记录有重要意义的事件 354 项，细微详尽，并且分类记录了动作发展、言语发展、学习、道德发展等各个方面的观察实录及分析。在大量原始资料的基础上，于 1925 年出版了《儿童心理之研究》。书中"一个儿童发展的程序"有如下记录。

第 1 月，第 1 星期，第 1 天

（1）这个小孩是在 1920 年 12 月 26 日凌晨 2 点 9 分出生的。

（2）出生后 2 秒钟就大哭，一直哭到 2 点 19 分，持续哭了 10 分钟，以后就是间断地哭了。

（3）出生后 45 分钟就打哈欠。

（4）出生后 2 点 44 分，又打哈欠，以后再打哈欠 6 次。

（5）出生后的 12 点钟，生殖器已能举起，这大概是膀胱盛满了尿液的缘故，随即就小便了。

（6）同时大便是一种灰黑色的流汁。

（7）用手拍他的脸，他的皱眉肌就皱缩起来。

（8）用手指触他的上唇，上唇就动。

（9）打喷嚏两次。

（10）眼睛闭着的时候，用灯光照他，他的眼皮就能皱缩。

（11）两腿向内弯曲如弓形。

（12）头颅是很软的，皮肤淡红色，四肢能活动。

（13）这一天除哭之外，完全是睡眠的。

……

第 116 星期第 808 天

（341）记忆力：13 天以前，他祖母、父亲、三个堂兄同他坐马车去看龙灯会，他们谈起龙灯的事，他说："母亲同妹妹不去。"而且能说出去看的人来。

（342）学跳远：他喜欢在地上跳来跳去，今天他父亲在地板上铺了垫子，相距约 5 寸，他从这个垫子跳到那个垫子，他的左脚跳了一尺远，右脚跳了四五寸，每次都是左脚先跳，而且跳得远。

（343）好看的观念，今天他穿他妹妹的一件长背心，是蓝格子的。他走来走去，显出自以为很好看的样子。

（344）预先通告撒尿：昨天晚上第一次告诉要撒尿。

（345）他的演绎的思想：他看见一张几个裸体野人的图画，就说："m-me-tse"（没有了），意思就是他们的衣服没有了，他不知道野人大都不穿衣服，以为人人都要穿衣服的，现在看见这几个人没穿衣服，所以他说没有了，可以看出他的演绎思想。

（346）不怕黑暗：他素来喜欢亮光的，不过黑暗他并不怕，今天他从客厅走进寝室，把门关着，躲在门后，寝室里并没有点灯。

（347）他知道螺旋瓶的瓶盖可以旋开：今天他拿了一个盛粉的螺旋瓶盖旋开，这也是一种小肌肉能力的发展。

（348）喜欢涂粉：他喜欢用粉涂脸，这大概是因为看见别人这样做的，现在以为涂脸是很好玩的。

（349）新旧的观念：今天他父亲拿了一双新鞋子给他看，并且告诉他说："我们把旧鞋子脱去，把新鞋子穿上"，教他新旧观念。

（350）记忆6个月前的事情：去年9月，他在东南大学农场看见一只猴子，现在他看见一张猴子的图画，他能告诉你，他曾经在农场里看见过一只猴子。从那时到现在差不多有6个月了，但他还能记得当初的经历。

（351）表示大小的观念：从前他能说"大"的时候，已经有大小的观念。他现在看见小的东西，就用小指头伸出给人看，并且说："一滴滴"。看见大的东西，他伸出拇指并说："大"。

（352）能顺逆唱8个音：他现在能够将8个音倒唱顺唱背诵得很娴熟，虽然有几个还唱得不对。

（353）对于各种颜色的兴趣：从前给他各种颜色的球、珠子和方块，他并没有显出什么兴趣的样子，叫他各种颜色的名字，他也不很注意。到了现在，他喜欢用颜色方块来拼颜色花样，又教他用蓝色的一面向上排成一行。但他自己喜欢用黄、蓝两色合并的一面向上排成行数着玩。

（354）时间观念：他饿了要吃的时候，他父亲对他说："给你拿牛奶去了，你等一会儿。"这里他知道等的意思，有将来的观念了。后来他吃面的时候看见一个梨子，他就要，他父亲对他说："吃过了面再吃"，他就不要了。

任务提示

1. 该案例坚持从该幼儿出生第1天至808天进行记录，体现了日记描述法的什么特点？

2. 该日记中提到的"他父亲"是谁？日记描述法的语言有什么特点？

知识点拨

日记描述法概述

日记描述法，又称为儿童传记法，是研究儿童最古老的方法，指在对同一个或同一组儿童长期反复的观察过程中，以日记形式对儿童的行为表现进行描述的方法。在早期的自然观察中，很多教育家、心理学家都曾用日记描述法对儿童的发展进行过研究。最早的是1774年裴斯泰洛齐（J.H.Pestalozzi, 1740—1829）用此法跟踪观察其子3年，写了《父亲的日记》。达尔文（C.Darwin）写了《一个婴儿的传略》记叙他儿子的行为和发展，引发了人们对儿童身心发展进行观察研究的兴趣。现代儿童心理学家皮亚杰（W.Preyer）也用观察日记法描述自己孩子的认知发展过程，出版了《儿童心理学》。日记描述法主要有两种类型，一种是综合性日记，记录儿童发展过程中具有特殊意义的行为；另一种是主题日记，主要记录儿童在某个特定方面的行为，如健康、语言、社会、科学、艺术等领域的学习和发展。

日记描述法的优势与局限性

日记描述法是对儿童进行研究的传统方法，在日常生活中边观察边记录，能系统地获取儿童身心发展的连续变化，提供长期的、详细的一手资料。由于观察是在自然情景中持续进行的，资料较真实可靠。日记描述法还常用于个案研究和人种学研究，有利于对行为进行定性分析。

日记描述法的局限性是往往只针对个别被观察者，缺乏代表性，记录者往往带有照料者的情感因素，往往带有感情色彩或主观偏见。另外，日记描述法要求观察者持之以恒，长期跟踪，需要耗费大量的时间和精力。

📖 知识点拨

文字记录法语言的基本要求

在运用文字记录法进行描述时，我们要注意语言的性质，不能在行为记录时对幼儿的行为进行解释和推断，避免出现评价性语言，而是要采用客观描述性的语言。例如，"今天某某某小朋友很不高兴"就是评价性语言；而"他低着头，咬着嘴唇，眼里含着泪，时不时地看一下窗外"就是描述性语言。

扫码学习 2.1 文字记录法语言的基本要求微课

这一要求同样适用于轶事记录法和实况详录法。

任务实操2-1

1. 阅读案例2-2，将第808天的记录以表格形式整理记录填入本项目末的活页表中。

2. 小组讨论：智子疑邻的故事对我们应用日记描述法有什么启示，在实际应用中怎样避免日记描述法局限性的影响？

任务二　掌握轶事记录法

👥 情境导入

以下是冰冰在日常工作中记录的一名幼儿的告状行为。

【案例2-3】

宁宁，4岁女孩。午餐时我注意到宁宁发现旁边的小博把青菜都剩下了，就大声说："老师，小博又不吃青菜！"去卫生间时宁宁看到婷婷和小云在玩水，就跑到走廊拉着我去看："老师，冰冰老师，你快去看看婷婷和小云在玩水，多浪费啊！"玩滑梯时，宁宁发现多多趴着从滑梯上滑下来，这时就快轮到她了，她却离开滑梯去找主班老师："老师你快去看看，多多趴着滑滑梯！多危险呀！"

任务提示

1. 轶事记录法需要记录哪些要素?
2. 为什么轶事记录法适合初学者?

知识点拨

轶事记录法概述

轶事是指独特的事件。轶事记录法是观察者将感兴趣的,并且认为是有价值的、有意义的行为和反应以及可表现幼儿个性的行为事件,用叙述性的语言随时记录下来,供日后分析用的一种观察方法。

轶事记录是有主题的,记录的是被观察者独特的行为或事件。通常要求将行为或事件发生的过程客观、准确、具体、完整地记录下来,不仅要记录被研究者的行为、言谈,还要记录被观察者行为发生的背景以及与之联系的其他在场幼儿的活动,记录的词句要准确、客观,如实反映客观情况。观察者的主观评价和解释与行为事实的客观描述要严格地区分开,以免将客观事实与主观判断相混淆。轶事记录往往是在事件发生后的追记,因此一定要及时记录,以免受记忆误差的影响。

轶事记录可以让教师在实践中兼顾全体幼儿和个体幼儿的观察。教师可以在和全体幼儿、分组幼儿、个别幼儿的互动后,将自己观察到的比较特殊的幼儿行为事件记录下来,也许每天不只针对一个幼儿,每天记录的对象也不一定都一样,那些行为比较特殊的幼儿被记录的机会可能较多,而一般幼儿如出现比较突出的行为时,也可能是轶事记录的主角。

知识点拨

轶事记录法的操作要点

运用轶事记录法开展观察研究,可帮助教师分析幼儿的成长和发展,了解幼儿的个性特征,了解和评价幼儿的发展水平和个性特点。轶事记录法简单方便,既适合初学者,又适合所有关心幼儿成长和发展的教师及家长。行为记录的资料可以长期保留,为其他教师提供幼儿发展情况的信息资料。

运用轶事记录法要特别注意记录的完整性,不仅要观察对象的行为、言谈,还要记录该幼儿行为发生的情境以及与之联系的其他在场幼儿的活动,记录的词句要准确、客观,如实反映情况。下面的"5W法"有助于完整记录观察信息。

谁 (who):所观察的幼儿。

和谁 (whom):所观察幼儿和谁产生行为或语言的互动。

何时 (when):事件发生的日期以及在哪一个具体时间段。

何地 (where):事件在什么地方,或哪一个区域发生。

扫码学习 2.2 常用
轶事记录法样表

什么 (what)：幼儿做什么动作，说什么话，表情、姿势如何。探讨对不同幼儿的发展起作用的因素，便于有针对性地进行教育干预。

此外，如果在观察的基础上对幼儿的行为进行分析和指导，可以将"5W 法"延伸为"5W+2H 法"，即加入以下两项内容。

为什么 (why)：对幼儿行为的分析与解释。

怎么做（how）：对幼儿的指导措施。

知识点拨

运用轶事记录法的注意事项

一、及时记录，以免遗忘

在多数情况下，不可能在事件发生的当时对其进行书面记录，但如果观察记录拖延的时间越长，就越可能遗忘一些重要细节。尽量在事件发生后的合适时间做简短的笔记，并及时补充完善。

二、简明扼要，注重细节

为突出想要观察记录的行为事件，在记录的时候尽量将轶事的记录限定为对某一单一事件的简短描述。这样可以使记录和解释简单明了，脉络清晰。同时，也应注意加入必要的细节使描述更加准确和有意义。

三、充分观察，记录情境

应当对发生的事件进行充分观察，并记录行为发生的情境。行为发生的情境对行为的解释有非常重要的意义，如果记录时忽略或者脱离了事件发生的情境，就很难对行为做出科学、客观的解释。例如，一个攻击性的行为，可能代表着极具敌意的信号，但也有可能仅仅是善意的玩笑，或者想引起别人注意的尝试，又或者是对他人挑衅行为的回应。行为意义线索经常可以通过直接注意其他参与幼儿的行为以及行为发生的特定背景来获得。因此，观察记录应当包括对那些理解幼儿的行为有重要意义的条件的描述。

四、客观描述，避免评判

在记录时，应当把对事件的实际描述和对事件的解释加以区分。对事件的记录应当尽可能客观、准确，要采用具体的、中性的、非评判性的语言准确描述所发生的事件。要避免使用带有推测、评判性质的语言，如伤心、害羞、霸道、任性、兴冲冲、顽皮等。如果需要推测、分析行为，应当把这些评判性的语言加以区分，单独列出，作为对事件的尝试性解释。这一要求也同样适用于日记描述法和后面要学习的实况详录法。

五、循序渐进，持之以恒

初学者应用轶事记录法时，往往会在事件选取、准确的观察和科学记录方面遇到困难，可以循序渐进，先从简单的记录开始，从观察幼儿一日生活或者特殊事件开始，坚持每天或者经常记录，在实践中不断提高观察和记录的水平。

知识点拨

轶事记录法的优势与局限性

一、轶事记录法的优势

通过以上对轶事记录法的分析，可以了解轶事记录法有一些明显的优势。

（1）简单灵活、便于操作

轶事记录法因为其简单、方便和灵活，能针对某个特殊事件做迅速、正确和详细持续的记录，而且无须编制观察记录表格，也不需要安排特别的情境、范围或事件，当事情发生了，教师可以随时随地地进行记录，所以通常认为这是一种最简单的观察记录方法，也是幼儿教师最常用的一种观察方法。

（2）持续记录有助于评估和总结

轶事记录法虽然记录简单却提供了幼儿行为发生的前后关系，说明了行为的背景及情境，能够为教师了解幼儿某种行为提供较为详细的资料，帮助教师了解学前儿童的个性特征、成长和发展。如果教师能持续地记录整个学期或学年，到学期或学年结束时，教师就可以对幼儿进行评估，获得幼儿在哪些方面有所进步，哪些方面还需改进的资料。

（3）有助于针对性地进行教育干预

轶事记录法因其记录的资料清晰，如果观察者要根据这些记录做任何推断或解释，则无须再做客观的叙述，而且轶事记录法还能探讨影响幼儿发展的各种因素，有助于针对性地进行教育干预。

（4）便于长期保留和传承

轶事记录法所记录的资料还可以长期保留下来，所记录的资料为后来的教师提供了幼儿先前发展情况的信息资料，也是教研的宝贵资料。

二、轶事记录法的局限性

虽然轶事记录法确实是教师最喜欢和最常用的方法，其简便易行不容置疑，但是它也存在一定的局限性。

（1）记录行为内容易偏差

轶事记录法容易受偏见影响而选择所记录的行为，这种偏见的产生往往是因为观察者的好恶而引起的。例如，有些教师会专门选择记录一些她认为比较不守纪律幼儿的行为。另外，因为轶事记录法并不是在事件发生的当时就记录下来。例如，教师在带班过程中观察到的一些情况，往往因为在带班无法顾及记录，而进行事后补记。这种事后进行补记的做法，记录的内容常会带有一些偏差，这样的偏差可能是因为记忆不清造成的，也可能是观察者本身的主观倾向性所引起。

（2）容易导致错误的解释和判断

因为轶事记录法在记录时运用比较简练的语句，同样的语言文字，记录者和阅读者在理解上也可能不完全一致，一些不恰当的文字记录会导致阅读记录的人对幼儿的行为产生错误的解释或价值判断。另外，由于轶事记录法所留下的材料比较简练，和其他的方法（如实况详录法）不同，给有效地使用记录带来一定困难。

任务实操2-2

1. 小组讨论，轶事记录法需要记录哪些要素，并尝试运用5W法记录一件课堂或宿舍发生的轶事填入本项目末的活页表中。

2. 小组讨论，为什么冰冰选择了轶事记录法来记录幼儿的告状行为，如果她选择日记描述法是否合理？

任务三　掌握实况详录法

情境导入

【案例2-4】

为了更好地了解宁宁喜欢告状的原因，冰冰尝试着用实况详录法对宁宁做了20分钟的记录，以下是部分内容。

午饭开始了，宁宁吃了一口米饭，一边嚼一边看向其他小朋友，突然发现对面的志宇和小博一边吃饭一边互相推搡，就放下手中的勺子，站起来，大声对老师说，"老师你看，志宇和小博不好好吃饭！"老师走过来制止了志宇和小博的打闹。宁宁坐下后继续看向其他幼儿，约1分钟后，在老师的提醒下，拿起勺子吃了3口青菜，一边吃一边看向其他小朋友，扶了一下自己的碗，吃了一口米饭，边嚼边看其他小朋友。这时，她发现旁边的小雨将米饭洒在了桌子上，然后将饭粒用手拨到了桌子下面。她又放下勺子，大声说："老师，小雨把饭粒拨到桌子下面！太不讲卫生了。"

任务提示

1. 怎样应用实况详录法？
2. 实况详录法有哪些优势和局限性？

知识点拨

实况详录法概述

实况详录法从日记描述法和轶事记录法发展而来，是早期研究儿童的一种有效手段。

实况详录法，即在一段时间内（如1小时或半天内）持续地、尽可能详细地记录被观察者所有的行为动作表现，包括目标儿童自身的全部言行以及目标儿童与环境及其他人的相互作用与交往情况，然后对所收集的原始资料进行分类，并综合分析的方法。

实况详录法的操作要点

实况详录法的目的在于客观而详细地记录儿童所有的行为动作表现，描述时不加任何主观推断、解释与评价。实况详录法对记录的要求较高，如果需要记录较长时间，应该由几个观察者轮流进行，最好能用摄像机把现场实况实录下来再做处理。

例如，如果要对中班儿童亲社会行为的实况详录资料做定性分析，可用文字归纳描述4~5岁儿童亲社会行为的一般状况。如果要进行定量分析，可事先制定相应的行为分类系统，包括同情、关心，分享、合作，谦让、助人，安慰、援助等行为，再根据实录资料重新整理登记。使此类结果数量化的方式有两种：第一，整理出各类行为发生的时间长度分数。即采用时间抽样的办法，把实录全过程分成相等的时段，如每段1分钟，把每一时段中发生的行为记入某一类型，然后，把各类行为发生的时段数乘以每一时段的时间长度，得出各类行为发生的时间长度分数。第二，记录各类行为发生的频率（次数）。例如，发生分享行为10次，合作行为15次，安慰行为6次等。

📖 知识点拨

实况详录法的优势与局限性

一、实况详录法的优势

实况详录法的优势在于能提供较为详尽的行为信息和行为发生的背景信息，实录资料较完整地保存着所发生的行为或事件，可供反复观察与分析用。尤其是运用音像技术来辅助收集实况详录资料不但直观生动，而且可以最大限度地排除主观因素，记录学前儿童的真实行为。

二、实况详录法的局限性

实况详录法的局限性在于对记录者的技术要求较高，要花费较多的时间和精力来加工处理原始的记录资料。另外，往往需要进行大量的实况详录才能获取有价值的行为样本。

任务实操2-3

1. 小组讨论轶事记录法和实况详录法的区别。

2. 请运用实况详录法记录一名同学或舍友的行为，记录时长10分钟，填入本项目末的活页中。

任务四　掌握时间取样法

情境导入

【案例 2-5】

美国心理学家帕顿(Parten)是时间取样法最著名的早期研究者之一。1926 年 10 月至 1927 年 6 月，帕顿观察了 2~5 岁儿童在游戏中的社会参与性行为，设计了 6 种反映儿童参与社会性集体活动水平的预定类型指导观察，并赋予操作定义（表 2-2)，设计了观察记录表（表 2-3）。

观察时，在规定时间内对每个儿童每次观察 1 分钟，同时根据操作定义判断每个儿童当时所从事的活动类型，填入表 2-3。帕顿通过对观察资料的分析发现：儿童的社会性行为发展随年龄的增加而表现出顺序性，即较小的儿童表现出单独游戏多，以后逐步发展到平行游戏，最后才是集体联合游戏和合作游戏。

表 2-2　6 种游戏类型操作定义

游戏类型	操 作 定 义
无所事事	儿童没有做游戏活动，只是随意观望能引起兴趣的情景。例如，没有观望的，便玩弄自己的身体，走来走去，跟从老师，或站在一边四处张望
旁观	儿童基本上是观看其他儿童的游戏，有时凑上来与正在做游戏的儿童说话，提问题，出主意，但自己没有直接参加游戏
单独	儿童独自游戏，专注于自己的活动，根本不注意别人在干什么
平行	儿童能在同一处玩，但各自玩游戏，既不影响他人，也不受他人的影响，互不干扰
联合	儿童在一起玩同样的游戏或类似的游戏，相互追随，但没有组织与分工，每人做自己想做的事情
合作	儿童在为某种目的组织在一起进行游戏，有领导、有组织、有分工，每个儿童承担一定的角色任务，并且互相帮助

表 2-3　儿童社会参与性活动观察记录表

代号 \ 游戏类型	无所事事	旁观	单独	平行	联合	合作
1						
2						
3						
4						
5						

任务提示

1. 运用时间取样法有什么限定条件？
2. 时间取样法有什么操作要点？

知识点拨

时间取样法概述

时间取样法是指以一定的时间间隔为取样标准来观察记录预先确定的行为是否出现以及出现次数的一种观察方法。即以时间作为选择标准，观察和记录在特定时间内所发生的行为，主要记录行为呈现与否、呈现的频率及其持续时间。

时间取样法有两个限定条件：一是要观察的行为必须经常出现，频度较高，每15分钟不低于1次；二是要观察的行为外显是容易被观察到的行为。

运用时间取样法，研究者需要预先选择要观察研究的行为——目标行为，并对行为分类，规定操作定义，编码。所谓操作定义，指把必须观察或测定的行为给予具体详细的说明、规定，确定某个行为的测量与观察记录的客观标准，即观测指标。

运用时间取样法，研究者还需要预先确定观察的时间结构和记录形式。要依据观察目的，决定记录哪类指标，如行为的呈现或行为呈现频率、行为持续时间。时间取样法的记录形式有两种：一种是查核记号，打"√"，记录行为的出现与否；另一种为记录记号，画"正"字等，记录在限定的时间间隔内，行为出现的次数或频率。

知识点拨

时间取样法操作要点

一、明确观察目的，制订观察计划

需要明确观察任务是什么，观察哪些内容，观察范围多大，是观察儿童个人还是集体，需要观察的时间以及场景等。

二、做好操作定义

为研究的行为下操作定义，对如何观察或测定某一特定行为做出具体的规定和说明。

三、设计和编制适用的记录表格

观察前要做好大量的准备工作，记录表格的编制为其中重要的环节。记录表格要留有空白，便于记录预先未曾想到的其他重要信息以及随时产生的想法和评价等，应与客观记录相区分。设计记录表格需要考虑以下因素。

（1）研究所需的资料种类和记录方式

要依据观察目的考虑是记录行为的呈现，或记录有关行为的呈现频率，还是行为持续的时间。

（2）确定观察的时间单位

包括单位时间长度、间隔和观察次数以及总的观察的次数和总的时间阶段。例如，每日1小时，对每个幼儿观察1分钟。

（3）权衡行为类型、观察时间单位、观察人数三方面因素

观察记录的内容越多，在一定时间间隔内可观察的对象就越少；如果观察的时间长度和间隔较短，人数和行为类型则不宜过多，否则会造成记忆和记录困难。通常情况下，在特定时间里，能够观察和判断的行为类型是有限的，一般不超过10类，对学前儿童群体进行观察时，如果班级人数过多，可抽取一部分儿童作为全班的代表。

（4）编码观察的行为或事件

建立行为类型系统，把目标行为分解为具体的行为成分，简化记录方式。编码行为类型系统，设计简化记录的形式。编码可以是行为或事件代表的词语的缩略语或汉语拼音字母。

四、保证观察信度

运用时间取样法开展观察研究，通常需要做预备性观察，培训观察人员并进行信度检验，保证观察结果的可靠和有效。可以由两个以上的观察者同时对某一行为进行观察，并计算观察信度，即观察的一致性。观察信度一般不得低于0.80。

📖 知识点拨

时间取样法的优势与局限性

一、时间取样的优势

（1）节省资料搜集时间。

（2）有效搜集资料的方法。

（3）可获得具代表性的行为样本。

（4）观察前明确定义行为，提高取得资料的信度。

（5）可以同时观察多个样本。

（6）针对单一幼儿的特定行为可进行多次观察。

（7）有助于观察和记录发生频率高的行为。

二、时间取样法的局限性

（1）观察准备工作耗费较多的时间和精力。

（2）通过观察所得的记录资料，仅能获得各类行为发生的次数或频率，无法了解行为发生的整个过程。

（3）只能观察到目标幼儿的外显行为，无法了解行为发生的背后原因和因果关系。

（4）不适用于观察发生频率低的行为。

任务实操2-4

1. 列表分析时间取样法的优势与局限性并填入本项目末的活页中。

2. 小组讨论，如果冰冰要使用时间取样法对幼儿的说谎行为进行观察，她需要做好哪些准备？

任务五　掌握事件取样法

情境导入

【案例2-6】

学前儿童攻击性行为的事件取样观察。

一、操作定义

攻击性行为：以伤害他人或事物，获取某种事物（食物、座位、玩具、机会、权利等）为目的，并形成外部伤害的一种社会性行为。它可以是身体的侵犯、言语的攻击，也可以是权利的侵犯。

（1）攻击行为的起因

主动性攻击——当幼儿想要达到某种目的时对同伴采取的攻击性行为。

反应性攻击——当幼儿觉察到外部环境的敌意时采取的应激行为。

（2）攻击行为的表现形式

身体的侵犯——抢、夺、推、踢、抓、咬等行为。

言语的攻击——嘲笑、讽刺、起绰号、谩骂等行为。

对物品的破坏——扔、摔、撕、踩等行为。

是否使用工具——幼儿实施攻击时是否借助物品，如书本、棍子等。

是否敌意性攻击——伤害性行为或言语是为了报复先前的侮辱或伤害。

二、观察指导

选定一种有许多幼儿自由活动的场景，如区角活动或者创设一种让幼儿认为教师不在现场的假象（注意：教师在幼儿看不到的地方查看监控或者利用单向玻璃观察，但是如果幼儿的攻击性行为会危害到他们的健康或者安全，教师要有能力及时制止）。预先理解和熟悉攻击性行为的定义。当看到一个攻击性事件时，观察它并在记录表上做记录，尽可能将事件发生的情景和具体的言语行为加以详细描述，如表2-4所示。

表 2-4　学前儿童攻击性事件记录表

第　　号事件　　场景		日期:	时间:
观察者:			
实施攻击的儿童 (姓名):	年龄:		性别:
攻击对象 (姓名):	年龄:		性别;
情景描述:			
攻击性行为:			
攻击行为的起因: 主动性攻击 反应性攻击 攻击行为的表现形式: 身体的侵犯 言语的攻击 对物品的破坏			
其他相关情况: 是否使用工具 活动材料是否充足 是否敌意性攻击			
评价与分析:			

任务提示

1. 事件取样法有什么操作要点?
2. 事件取样法有什么优势与局限性?

知识点拨

事件取样法概述

事件取样法是以预先选取的行为或事件作为观察样本,对某些特定行为或完整事件进行观察记录的方法。

事件取样法与时间取样法的主要区别:时间取样法获取的资料重在事件行为的存在,而事件取样法则着重行为事件的特点、性质,以此作为观察者注意的中心,而时间在这里仅仅是说明事件持续等特点的一个因素。事件取样法不受时间的限制,因而研究的范围更加广泛。

运用事件取样法，首先需要确定研究的具体事件或行为，确定其操作定义，通常情况下，这些行为或事件呈现频率比较高。例如，儿童的争执行为、伙伴之间的友好行为、对成人的依赖性、儿童的社交能力等。

在正式观察前，需要进行预备性观察，选择要研究的行为。了解这类行为或事件的一般状况，便于在最有利的、最适当的时机和场合进行观察。例如，考察有关儿童的交往行为或游戏等，需要在非集体活动的时间。研究儿童的语言通常选择有成人或其他儿童在场的情景下进行观察。

📖 知识点拨

事件取样法操作要点

（1）确定要研究的具体事件或行为，做好操作定义

通常情况下，这些行为或事件呈现频率比较高。例如，儿童的说谎行为、争执行为、专断行为、亲社会行为、攻击性行为等。

（2）预备性观察，选择要研究的行为

了解这类行为或事件的一般状况，便于在最有利的、最适当的时机和场合进行观察。例如，观察学前儿童的亲社会行为或游戏行为时，通常需要在非集体活动的场景；如果研究学前儿童的语言则需要选择有教师、家长或其他儿童在场的情景下进行观察。

扫码学习 2.3 事件取样法案例微课

（3）确定需要记录的资料种类与记录形式

事件取样法记录较灵活，可以运用文字叙述记录，也可以提前编码记录，或者提前设计简便适用表格来记录学前儿童的行为。

📖 知识点拨

事件取样法的优势与局限性

一、事件取样法的优势

（1）全面了解行为或事件发生的过程

事件取样法不仅可以获得有关行为或事件"是什么"的资料，还可以了解其背景、起因，得到有关"为什么"的线索，有助于分析可能存在的因果关系。

（2）节省收集资料的时间

事件取样法每一次目标行为或事件的出现都可以及时被记录，而不是持续地记录，这样就可以节约大量的收集资料的时间。

（3）适用范围广

可用于研究比较广泛的行为或事件，没有特别限制的条件，适用范围较广。

二、事件取样法的局限性

由于观察者集中观察特定事件本身，注重行为的当时状况，不能充分了解导致

行为或事件发生的条件、情境等全部信息。

任务实操2-5

小组讨论，比较时间取样法与事件取样法的异同并填入本项目末活页中。

任务六 掌握行为检核法

情境导入

【案例 2-7】

为了解新入园幼儿的自理能力，某幼儿园采用行为检核法对入园新生进行自理能力评估，如表 2-5 所示。

表 2-5 新生自理能力评估记录表

姓名_____ 性别_____ 年龄_____ 评估日期_____ 记录者_____

评估项目	完成情况		备 注
独立进餐	完成	尚未	
独立小便	完成	尚未	
独立大便	完成	尚未	
独立午睡	完成	尚未	
脱鞋袜	完成	尚未	
穿鞋袜	完成	尚未	
解扣子	完成	尚未	
系扣子	完成	尚未	
脱上衣	完成	尚未	
穿上衣	完成	尚未	
穿下衣	完成	尚未	
	完成	尚未	

填表说明：幼儿符合该项目描述的现象勾选"完成"，不符合该项目描述的现象勾选"尚未"。

任务提示

1. 行为检核法有什么优势与局限性？
2. 幼儿园为什么用行为检核法评估新入园的幼儿？

📖 **知识点拨**

行为检核法概述

行为检核法是事先将要观察的行为项目排列成清单式的表格，然后通过观察，检查核对该行为是否呈现的一种方法。一般来说，记录的方式是二选一，即用"有"或"无"、"是"或"否"来提醒观察目标的行为。检核法是教师最常用的观察记录方法之一，这是因为它的实用性。教师可以不受情境的限制，随时进行记录。检核法可记录一群幼儿某一方面的行为能力，也可用此方法来观察个别幼儿。检核表可以用作对幼儿行为的现场观察，也可以用作非现场观察。

实施行为检核法前必须制定观察表格，即观察清单，列出要观察的具体项目。根据幼儿行为发展的常模制定检核的行为指标。

📖 **知识点拨**

行为检核法的优势与局限性

行为检核法的优势：它可以让观察者快速而有效地记录行为是否出现，操作起来方便易行，观察记录的内容既可以用来判断学前儿童身心发展各方面的状况，也可以用来评价教育指导后产生的效果。教师也可以用检核表向家长反馈学前儿童在幼儿园的发展状况，让家长了解孩子的进步和不足。

扫码学习 2.4 行为检核法案例微课

同时，检核法的适用范围较广，还可以与其他观察方法如时间取样法、事件取样法、调查法等结合使用。

行为检核法的缺点：虽然检核法有诸多优点，但是由于其只判断行为呈现与否，而不能提供行为产生的原始资料，如特定行为"在什么情况下发生""为什么会发生""后续结果怎样"。因此，在使用这种方法时，需要根据观察目标，结合其他观察方法，以提高观察效果。

任务实操2-6

1. 案例 2-7 中，使用"完成"和"尚未"两种状态来评估新入园幼儿的自理能力。请查找资料，分析使用"完成""尚未"与"是""否"或者"√""×"之间的区别。

2. 使用行为检核法对大学生不良生活习惯进行观察和记录，请以小组为单位设计行为检核记录表并填入本项目末活页中。

任务七 掌握等级评定量表法

情境导入

【案例 2-8】

幼儿进餐行为观察的等级评定量表如表 2-6 所示。

表 2-6 学前儿童进餐行为观察记录表

目标：观察幼儿在进餐中的行为表现 观察记录时间：_____

观察对象：_____ 性别：_____ 年龄：_____ 班级：_____

观察方法：等级评定量表法 观察者：_____

类目	观察项目	总是	经常	很少	从不
进餐前	认真洗手				
	安静等待				
进餐中	正确使用餐具				
	保持正确姿势				
	不挑食、偏食				
	细嚼慢咽				
	进餐量合理				
	进餐速度合理				
	不说笑打闹				
	不乱扔残渣				
进餐后	将餐桌收拾干净				
	擦嘴				
	漱口				

任务提示

1. 等级评定量表法有什么操作要点？
2. 等级评定量表法有什么优势和局限性？

知识点拨

等级评定量表法概述

等级评定量表是一种较为简单的观察测量法，能够把观察所得的印象数量化。它根据一定的标准，由观察者对幼儿的某些行为表现加以评定，称为评定记录。等级评定量表法是对观察对象进行观察后，对其行为所达到的水平进行评定，并判断行为质量高低的一种方法。等级评定法为我们提供了快速、方便概括出观察印象的途径。

从严格意义上说，等级评定量表法不是一种观察方法，而是一种评估的方法。

等级评定量表法可以当场评定，也可以观察之后根据综合印象评定。为保障客观性，可以事先规定各种等级的具体标准，并由多个观察者当场评定之后，综合考虑评价结果。

等级评定量表法操作要点

运用等级评定法，关键是确定等级的标准。通常等级评定法有4个或4个以上的等级，观察者可以从行为发生的频率或强弱程度来制定等级标准，如强度选项（非常符合、比较符合、相当不符合、非常不符合）、优劣选项（优、较好、较差、差）来描述，也可以用字母和数字（A、B、C、D，1、2、3、4），频率选项（总是、经常、偶尔、极少、从未）来描述，还可以用词语来描述（全部完成、部分完成、未完成）等。另外，它可以当场评定，也可以观察之后根据综合印象评定。从严格意义上说，等级评定量表法不是一种观察方法，而是一种评估的方法。

比较客观的评定方法是事先规定各种等级的具体标准，并由多个观察者当场评定之后，考察一致同意的程度。

知识点拨

运用等级评定量表法的注意事项

一、等级评定法应在多次观察的基础上进行

观察者最好与幼儿有较长时间的直接接触，排除观察的偶然性和片面性，增强观察的客观性和可靠性。一般来说，接触时间越长，观察次数越多，就越能全面认识观察对象，评定的等级越准确。

二、最好由两个或两个以上条件相当的评定者进行评分

如果两个评定者给出的评分有差异，可通过第三者重新评定或两者商量讨论达成一致。多个评定者的评分差异，可采用平均分来平衡，也可去掉一个最高分，去掉一个最低分，再求平均分。

三、减少观察者主观因素的影响

观察者在实施观察记录前要经过培训，准确把握标准，要防止评分过高或过低，

或都给予平均分的倾向，尽量消除对评定者造成主观偏见的影响因素。

等级评定量表法的优势与局限性

等级评定量表法适用范围广泛，操作简单，比较经济。但是等级评定法本质上是主观的，往往会伴有观察者的主观偏见。另外，由于观察者对等级评定标准的理解不一致，容易造成评定等级的误差。例如，不同教师对同一幼儿的表现可能会打出不同的等级分数。

任务实操2-7

1. 请比较等级评定量表法和行为检核法的异同并填入本项目末活页中。

2. 如果用等级评定量表法对大学生的不良生活习惯进行观察和记录，请以小组为单位设计一个大学生的不良生活习惯等级评定量表。

课后提升

巩固提升

一、判断题（请在你认为正确的题目前打"√"，错误的打"×"）

1. 由于日记描述法的局限性，在实际工作中应尽量避免应用。（   ）

2. 学习观察记录方法的目的是要筛选出最好的一种观察记录方法来适应对学前儿童的观察。（   ）

3. 每一种观察记录方法都有各自的优势和局限性。（   ）

4. 取样法也称为文字记录法。（   ）

5. 运用文字记录幼儿行为语言要尽量生动形象，富有文采。（   ）

二、请绘制本项目思维导图

请绘制在单独页面上。

拓展资源

1. 扫码学习

2. 好书推介

《观察儿童·实践操作指南（第三版）》（英）莎曼等著，单敏月、王晓平译，华东师范大学出版社

（以下七页可拆下用于完成该项目任务）

✦ 任务实操活页

任务实操 2-1

扫码学习 2.5 其他获得信息的辅助方法微课

1. 阅读案例 2-2，将第 808 天的记录以表格形式整理记录填入下表。

观察记录表

观察对象：_____ 性别：_____ 年龄：_____ 观察者：_____ 观察地点：_____

观 察 项 目	行 为 表 现	行为解释与分析

2. 小组讨论：智子疑邻的故事对我们应用日记描述法有什么启示，在实际应用中怎样避免日记描述法局限性的影响？

_____

_____

_____

_____

_____

_____

_____

_____

任务实操2-2

1. 小组讨论，轶事记录法需要记录哪些要素，并尝试运用 5W 法记录一件课堂或宿舍发生的轶事填入下表。

5W 法记录表

5W	要素	
Who	谁	
Whom	和谁	
When	何时	
Where	何地	
What	什么	

2. 小组讨论，为什么冰冰选择了轶事记录法来记录幼儿的告状行为，如果她选择日记描述法是否合理？

_____

_____

_____

_____

_____

_____

_____

_____

_____

任务实操2-3

1. 小组讨论轶事记录法和实况详录法的区别。

_____

_____

_____

_____

_____

_____

_____

_____

_____

_____

2. 请运用实况详录法记录一名同学或舍友的行为，记录时长 10 分钟。

_____

_____

_____

_____

_____

_____

_____

_____

_____

_____

任务实操2-4

1. 列表分析时间取样法的优势与局限性。

时间取样法的优势与局限性

优　　势	局　限　性

2. 小组讨论，如果冰冰要使用时间取样法对幼儿的说谎行为进行观察，她需要做好哪些准备？

任务实操2-5

小组讨论，比较时间取样法与事件取样法的异同。

任务实操2-6

1. 案例 2-7 中，使用了"完成"和"尚未"两种状态来评估新入园幼儿的自理能力。请查找资料，分析使用"完成""尚未"与"是""否"或者"√""×"之间的区别。

_____

_____

_____

_____

_____

_____

_____

_____

_____

_____

2. 使用行为检核法对大学生的不良生活习惯进行观察和记录，请以小组为单位设计行为检核记录表。

任务实操2-7

1. 请比较等级评定量表法和行为检核法的异同。

_____
_____
_____
_____
_____
_____
_____
_____
_____
_____
_____
_____

2. 用等级评定量表法对大学生的不良生活习惯进行观察和记录，请以小组为单位设计一个大学生的不良生活习惯等级评定量表。

✦ 任务实操考核评价

班级_____ 组别_____ 姓名_____ 学号_____ 日期_____ 评价项目_____

评价阶段	评价内容	分值	佐证材料	学生自评	小组互评	教师评价	平台数据
课前自学	"扫码学习"完成度	5	平台数据				
	自学自测	5	是否完成测试题				
课中实训	任务实操2-1完成情况	10	实操作业				
	任务实操2-2完成情况	10	实操作业				
	任务实操2-3完成情况	10	实操作业				
	任务实操2-4完成情况	10	实操作业				
	任务实操2-5完成情况	10	实操作业				
	任务实操2-6完成情况	10	实操作业				
	任务实操2-7完成情况	10	实操作业				
	问题意识、研究意识、科学态度	5	是否善于发现问题,具有严谨的治学态度				
	学习主动性、探究精神	5	是否能主动、有效搜集学习资料				
课后提升	巩固提升	5	平台数据				
	拓展资源完成度	5	平台数据				
项目得分			教师签名				

评价说明:项目评价分值仅供参考,教师可以根据实际情况进行调整。在本项目完成之后,由任课教师主导,采用过程性评价与结果评价相结合,综合运用自我评价、小组评价和教师评价三种方式,由教师确定三种评价方式分别占总成绩的权重,计算出学生在本项目的考核评价得分(平台数据完成的打"√",未完成的打"×")。

项目三
学前儿童行为观察与指导要点

项目概述

行为观察与指导是指成人为促进学前儿童的全面发展，通过观察、分析其行为，采取科学有效的引导、培养、塑造、干预矫正等教育方法和策略的过程。它包括幼儿积极行为的培养塑造和消极行为的干预矫正。

本项目主要学习学前儿童行为观察与指导的实施要点、学前儿童行为分析与指导的理论依据及学前儿童行为分析与指导的原则等，以期为具体的学前儿童行为观察与指导实践奠定理论基础。

学习目标

素质目标：

1. 树立科学的儿童观、评价观；
2. 引导学生树立为国家、社会和家庭培养优秀人才的职业理想；
3. 培养学前教育工作者掌握扎实学识的意识。

知识目标：

1. 了解学前儿童行为观察与指导的内涵；
2. 了解学前儿童行为观察与指导的实施要点；
3. 掌握学前儿童行为观察与指导的理论依据；
4. 了解学前儿童行为观察与指导的原则。

能力目标：

1. 能够根据实际情况选择适宜的理论依据对学前儿童行为进行分析与指导；
2. 在对学前儿童行为分析与指导的过程中能够坚持必要的原则。

案例导入

【案例 3-1】

在项目二中，冰冰作为中班的实习教师，在主班教师的建议下采用轶事记录法和实况详录法记录了宁宁的告状行为，是什么原因导致宁宁爱告状的？告状行为对宁宁的学习和发展有什么影响呢？冰冰应当怎样做才能帮助宁宁更好地全面发展呢？主班教师建议冰冰再深入学习以下学前儿童行为观察与指导的相关理论和学前儿童行为指导的原则，为帮助幼儿更好地发展做好准备。

课前自学

知识点拨

学前儿童行为观察与指导的重要性

学前儿童行为观察与指导不仅有助于学前儿童形成符合社会要求的行为规范，而且对其良好、积极情绪情感的形成，健康、语言、社会、科学艺术 5 大领域的学习与发展也有着重要的促进作用。学前儿童观察与行为指导的重要性主要表现在以下几个方面。

一、有针对性地促进学前儿童学习与发展

通过行为观察与指导可以更好地促进学前儿童 5 大领域的学习与发展目标的达成。教师既可以在实施活动前根据幼儿前期的行为分析结果设计更加合理和有针对性的活动，又可以通过活动时的行为表现评估活动设计的科学性，适时调整和优化后续的活动设计，从而更好地达成保教目标。

二、帮助学前儿童形成良好的行为规范

良好的行为规范不仅是影响学前儿童学习与发展的重要非智力因素之一，而且幼儿的日常活动、同伴交往也离不开行为规范的指导与调控。离开良好的行为规范，幼儿的生活和学习会变得杂乱无章，与同伴交往时也更容易发生冲突与争执。

三、调整与矫正学前儿童的不良行为习惯

由于不适宜的教养方式，学前儿童可能会形成一些不良行为习惯和问题行为，行为问题如果不能及时矫正，会影响学前儿童的身心健康和未来的发展。因此教师和家长需要有意识地对学前儿童进行指导，帮助其矫正不良行为，从而促进幼儿更好地发展。

四、帮助儿童适应日常生活和社会生活

培养学前儿童形成良好的行为习惯，有助于其适应当下及将来的日常生活和社会生活。通过行为观察与指导不仅有助于学前儿童适应当前的生活、学习和社会交往活动，有助于他们良好行为习惯、积极情绪状态、较强社会能力的形成与发展，而且这些品质和行为习惯也有助于他们今后的全面发展，为他们美好的未来奠定坚实的基础。

自学自测

一、判断题（请在你认为正确的题目前打"√"，错误的打"×"）

1. 学前儿童行为观察与指导有助于学前儿童建立符合社会要求的行为规范。

（　　）

2. 培养学前儿童形成良好的行为习惯，有助于其适应当下及将来的日常生活和社会生活。（　　）

3. 良好的行为规范是影响学前儿童学习与发展的重要的智力因素。（　　）

二、选择题

1. 学前儿童行为观察与指导有助于学前儿童（　　）。

A. 建立符合社会要求的行为规范

B. 形成良好、积极的情绪情感

C. 促进 5 大领域的学习与发展

D. 矫正学前儿童的不良行为习惯

E. 以上都是

2. 下列说法不正确的是（　　）。

A. 教师可以在实施活动前根据学前儿童行为分析结果设计更加合理的活动

B. 教师可以通过行为观察适时调整和优化后续的活动设计

C. 学前儿童行为观察与指导仅适用于教研活动

D. 学前儿童行为观察与指导有助于其适应日常生活和社会生活

课中实训

实训目标

1. 能够掌握学前儿童行为观察与指导的实施要点。
2. 能够根据实际情况选择适宜的理论依据对学前儿童行为进行分析与指导。
3. 能够在对学前儿童行为分析与指导的过程中坚持必要的原则。
4. 引导学生树立为国家、社会和家庭培养优秀人才的职业理想。

实训内容

任务一 掌握学前儿童行为观察与指导的实施要点

任务二 掌握学前儿童行为观察与指导的理论依据

任务三　掌握学前儿童行为观察与指导的原则

实训条件

实训条件如表 3-1 所示。

表 3-1　项目三实训条件

名　称	实 训 条 件	要　求
实训环境	理实一体化教室	校园网无线 Wi-Fi，可在线观看线上资源
物品准备	1. 签字笔； 2. 记录本（活页）； 3. 发展常模列表； 4. 手机或平板电脑等录音录像设备； 5. 学前儿童行为影像资料； 6. 学前儿童行为观察案例分析资料	材料充足，满足实训需求
知识准备	1. 具备学前儿童行为观察与指导的相关理论知识； 2. 具备学前儿童行为观察与指导活动的操作技能	理解记忆相关知识点

实训步骤

1. 根据学前儿童行为观察与指导的实施要点做一个流程图。
2. 分小组制作学前儿童行为分析理论指导课件，并演示。
3. 整理不同心理学家对儿童心理和行为的主要观点。
4. 列表总结学前儿童行为观察与指导的原则。
5. 小组讨论如何利用家园合作做好学前儿童的行为观察和指导。

任务一　掌握学前儿童行为观察与指导的实施要点

情境导入

　　在前面的先导案例中，主班教师告诉冰冰对学前儿童的行为观察与指导往往是一个循环往复的过程，即"观察→分析→指导→再观察→再分析→再指导"，对儿童的发展的支持也是在这一循环往复的过程中更加科学。她建议冰冰先掌握学前儿童行为观察与指导的实施要点，了解学前儿童行为观察与指导需要掌握的收集行为信息的方法，掌握学前儿童行为观察与指导的理论依据和原则，为接下来具体的实施做好准备。

📋 任务提示

1. 学前儿童行为观察与指导有哪些实施要点?
2. 学前儿童行为的形成主要有哪些影响因素?

📖 知识点拨

观察、收集学前儿童行为信息

观察是指导学前儿童行为的基础,开展观察需要注意以下几个方面。

一、明确目标,制订计划

只有明确观察目标,制订合理的观察计划才能使观察免于盲目。在实际操作中,可以根据观察目标,选择观察记录方法和观察幼儿的情境。有时,为了完成观察目标,往往需要全方位、多情境进行观察,也会选择多种观察记录方法。例如,要观察班上一个爱发脾气的幼儿,那么就要在一天的不同时段观察他,判断他在一天中都爱发脾气,还是只是在某个特别的时段或特殊情境下爱发脾气。又如,如果想观察幼儿的亲社会行为,可以在集体或区域活动中观察幼儿,还可以在入园、午餐、角色游戏等观察幼儿的亲社会行为。

当然,有时候观察也不都是完全事先计划好的,在幼儿的日常生活中会有许多随机的、有价值的情境,也可以作为观察对象。

二、充分观察,科学记录

在明确观察目的后,需根据观察计划充分、科学地观察和记录幼儿的行为。有时,需要根据情况对幼儿进行多次的观察,为后续分析和评价幼儿行为提供全面、充分的依据。一般来说,在相同条件下,观察次数越多,观察的精确程度越高。

三、深入调查,全面了解

为了深入了解学前儿童的行为及行为背后的意义,也为正确评价和分析幼儿的行为做好准备,我们需要通过多种渠道进一步获取幼儿行为的相关信息,例如通过和学前儿童谈话了解其真实的想法和对事物的认知和态度。教师还可以查阅幼儿成长记录,向其他相关人员,如其他教师、保育员和其他幼儿了解幼儿的情况。同时,家庭是幼儿学习和生活的重要场所,教师还应当积极与家长沟通合作,收集家庭生活中幼儿行为的相关信息,全面了解幼儿行为水平和特点。

📖 知识点拨

正确评价、分析幼儿行为

教师在全面获取学前儿童行为信息后,要进行科学、全面、审慎的评价与分析。通常情况下,教师可以从以下几方面着手。

（1）评价学前儿童的发展水平。

（2）通过观察结果总结学前儿童的"行为模式"，如情绪表达、解决冲突、参与或发起活动以及遵守或构建游戏规则等。

（3）分析行为观察结果的意义和可能对学前儿童产生的影响。

（4）分析学前儿童发展超前、正常、滞后的原因及不良行为产生的原因。

一般来说，影响学前儿童行为形成的因素主要包括内部因素和外部因素两方面。在分析他们的行为时，需要综合考虑以下因素。

（1）内部因素

内部因素指的是那些在出生时就具有的影响因素，具体如下。

①学前儿童身心发展水平；

②学前儿童心理特征（如幼儿的认知风格、气质类型等）；

③学前儿童的性别；

④学前儿童的出生顺序；

⑤学前儿童的兄弟姐妹。

（2）外部因素

外部因素是指发生在生活或环境中的重大事件或变化，包括可控的事件和不可控的事件，具体如下。

①学前儿童的健康状况；

②学前儿童的家庭因素（家庭经济状况、家庭结构、父母身心健康状况、教养方式、亲子关系、家庭氛围等）；

③幼儿园因素（幼儿园的教育理念、教师、同伴及物理环境等）；

④社会因素（如社会氛围、网络和电视等大众媒体）；

⑤应激事件（如亲人生病或死亡、幼儿突然受伤或被动物咬伤、遭遇暴力事件、父母离异等）。

📖 知识点拨

指导学前儿童的行为

一、确定行为指导的目标

（1）根据学前儿童现有的发展水平，确定行为指导目标。

（2）根据对学前儿童的行为分析的结果，确定行为指导目标。

二、采取多种行为指导的策略

确定行为指导目标后，教师可以根据不同的理论结合学前儿童学习与发展的不同领域各自特点和要求进行有针对性的指导（图3-1）。例如，行为主义强调改变环

图3-1　教师与幼儿交流照片

境、强化、观察学习等；精神分析理论流派强调发泄、运动、游戏的作用；皮亚杰认为提供符合儿童发展的环境，提高认识可以改变行为；维果茨基认为最近发展区理论、假装游戏、集体讨论有助于学前儿童的学习与发展。

任务实操3-1

请根据学前儿童行为观察与指导的实施要点做一个流程图并填入本项目末活页中。

任务二　掌握学前儿童行为观察与指导的理论依据

情境导入

主班教师告诉冰冰，教师评价、分析、指导儿童行为通常以常模法和各种理论流派为基础。由于不同理论学派的立场不同，因此不同理论指导下对儿童行为指导的原则与方法也不尽相同。自20世纪70年代以来，各种行为指导学派的主张、观点与方法有融合的趋势。在实践中发现，综合使用各种理论的诸多方法对幼儿行为培养、干预与塑造更为有效。只有充分掌握学前儿童行为观察与指导的理论依据，并且坚持理论联系实际，不断学习，才能在保教工作中做到游刃有余。

任务提示

1. 为什么要掌握学前儿童行为观察与指导的理论依据？
2. 不同的儿童心理学家对儿童的行为有不同的观点，应当怎样认识？

知识点拨

学前儿童发展常模及学前儿童发展年龄特点

掌握学前儿童发展常模及学前儿童发展年龄特点，可以帮助评价学前儿童的发展水平，确定指导目标。

（1）2018年国家卫生健康委员会发布了"0~6岁儿童发育行为评估量表"。量表非常详细地描述了每个月龄段孩子所需具备的能力，共包含261个指标，覆盖大运动、精细动作、适应能力、语言和社会行为5方面的内容。为学前儿童行为评价提供了重要的理论依据。

（2）英国的儿童发展常模列表，涉及0~3岁幼儿教育框架、英国基础阶段课程、英国国家课程及不同心理学派代表人物的观点，特别是列表中还提出了行为指导依据，也是学前儿童行为评价和指导的重要参考。

（3）《3~6岁儿童学习与发展指南》（以下简称《指南》）从健康、语言、社会、科学、艺术5个领域描述幼儿学习与发展，分别对3~4岁、4~5岁、5~6岁三个年龄段末期幼儿应该知道什么，能做什么，大致可以达到什么发展水平提出了合理期望。同时，针对当前学前教育普遍存在的困惑和误区，为广大家长和幼儿园教师提供了具体、可操作的指导和建议。《指南》为我们提供了适合我国儿童的评价参考，同时也给出了详尽的指导目标和教育建议，具有非常强的指导意义和参考价值。

（4）中国3~6岁儿童发展量表是一套由国内学者自己编制的幼儿发展量表，它以心理学理论为基础，以幼儿教育的实践经验为依据，参考了大量国内外现有的婴幼儿发展量表，其内容效度较高。它的结构合理，测量项目丰富，测验材料有趣，从信度和效度的检验结果来看，也达到了测量学的要求，因此，它适于在我国推广使用。不过，测验手册中提供的常模资料还不够丰富，在重新修订时需要制定多样化的常模，以便发挥该量表更大的作用。

扫码学习 3.1《0~6 岁儿童发育行为评估量表》　扫码学习 3.2 《儿童发展常模列表》

扫码学习 3.3《3~6 岁儿童学习与发展指南》　扫码学习 3.4 《中国儿童发展量表》

知识点拨

皮亚杰认知发展阶段论

瑞士心理学家皮亚杰（Jean Piaget）提出关于儿童认知发展的阶段论，把儿童的认知发展分成感知运算阶段（感觉－动作期，Sensorimotor Stage，0~2 岁）、前运算阶段（前运算思维期，Preoperational Stage，2~7 岁）、具体运算阶段（具体运算思维期，Concrete Operations Stage，7~11 岁）、形式运算阶段（形式运算思维期，Formal Operational Stage，从 11 岁开始一直发展）4 个阶段。学前儿童处于感知运算阶段和前运算阶段。

（1）感知运算阶段。儿童的主要认知结构是感知运动图式，儿童借助这种图式可以协调感知输入和动作反应，从而依靠动作去适应环境。通过这一阶段，儿童从一个仅仅具有反射行为的个体逐渐发展成为对其日常生活环境有初步了解的问题解决者。

（2）前运算阶段。儿童将感知动作内化为表象，建立了符号功能，可凭借心理符号（主要是表象）进行思维，从而使思维有了质的飞跃。

皮亚杰认为，随着儿童年龄的增长，其认知发展涉及图式、同化、顺应和平衡4个方面。个体就是不断地通过同化和顺应两种方式达到自身与客观环境的平衡。平衡化促进了同化与顺应之间的和谐发展，并使得成熟、实际经验和社会环境之间处在协调状态。更为重要的是，平衡的倾向作为一种过程，总是把儿童的认知水平推向更高阶段。当低层次的平衡被冲破以后，由于有了这种倾向，平衡才能在高一级的水平上得以恢复，从而导致了智力的发展。

皮亚杰认为，儿童心理的发生发展既不是先天结构的展开，也不是完全取决于环境的影响，而是内外因相互作用的结果。具体来说，其影响因素有以下4个。

（1）成熟。主要指机体的成长，特别是大脑和神经系统的成熟。

（2）物理环境。儿童在与物理环境相互作用过程中获得的是自然经验，可分为物理经验及数理逻辑经验两类。

（3）社会环境。儿童在社会生活中借助语言与成人和同伴发生相互作用以及在社会传递（教育）过程中所获得的是社会经验，包括语言技能、交往技能、社会规范、生活经验等。

（4）平衡化机制。平衡化机制是发展的基本因素，是协调成熟、自然经验和社会经验的必要因素。

扫码学习3.5 自我中心论及三山实验微课

这4种因素又可以概括为两类因素：外因（物理环境和社会环境）与内因（成熟和平衡化机制）。

知识点拨

维果茨基的社会文化—历史发展理论和最近发展区理论

苏联杰出的心理学家列夫·维果茨基是苏联心理科学的奠基人之一、社会文化历史学派的创始人、社会建构主义的先驱。

一、社会文化—历史发展理论

（1）重视社会因素和语言在儿童发展中的作用

维果茨基认为，个体心理发展是受社会文化历史发展以及社会规律制约的。他把人类的心理机能分为两类：低级心理机能和高级心理机能，并认为它们分别依赖于生物进化和人类发展的历史。同时他提出促进人类心理发展的工具有两种：物质生产工具和精神生产工具。精神生产工具是指人类社会特有的语言与符号，儿童借助于精神生产工具能使低级心理机能上升为高级心理机能。

（2）内化说

维果茨基认为，儿童高级心理机能的发展是不断内化的结果。内化最初的含义指社会意识向个体意识的转化。维果茨基在此给内化赋予新的含义，指外部的实际动作向内部智力动作的转化。个体的高级智力动作是怎样产生的呢？先是简单的智力动作，随着外部动作的高级化，内在智力动作也高级化。一切高级的心理机能最初都是在人与人的交往中，以外部动作的形式表现出来的，然后经过多次重复、多次变化，才内化为内部的智力动作。因此，可以把内化概括为儿童在与成人交往的过程中，将外部的人类经验不断转化为自我头脑中内部活动的过程，内化过程不仅通过教学来实现，而且能通过日常的生活、游戏、劳动来实现。

（3）心理发展的含义和原因

维果茨基认为，个体的心理发展是受特定的社会文化环境的影响的。在与成人交往的过程中，通过掌握对高级心理机能起中介作用的工具——语言、符号，在各种低级心理机能的基础上，逐步发展高级心理机能。所谓高级心理机能主要有4个方面的表现：①心理活动的随意机能，即心理活动是随意的、主动的；②心理活动的抽象概括机能；③各种心理机能之间的关系不断发生变化、组合而形成以符号为中介的高级心理机能；④心理活动的个性化。

综上所述，关于儿童心理发展的原因和实质，可以总结为以下3点：①心理机能的发展起源于社会文化历史的发展，受社会规律的制约；②从个体发展来看，儿童在与成人交往过程中通过掌握高级心理机能的工具语言和符号，从而在低级心理机能的基础上形成各种新质的高级心理机能；③高级心理机能是外部活动不断内化的结果。

二、"最近发展区"理论

（1）"最近发展区"的概念

最近发展区理论是维果茨基关于促进儿童高级心理机能发展的核心思想，一般学者只是把儿童心理机能分为能够达到的与不能达到的两个水平，而维果茨基在这两个水平之间创造性地提出一个最近发展区的水平，这样实际上把儿童的心理机能分为3个潜在水平（图3-2）。最近发展区（zone of proxirmal development, ZPD）是一种介于儿童看得见的现实能力与并不明显的潜在能力之间的潜能范围，即儿童无法依靠自己完成，但可以在成人或更有技能的儿童帮助下完成的任务范围。在最近发展区内，指导者通过提问、对话、鼓励、建议策略等方式（维果茨基将其称为脚手架工具）进行指导，就能给予儿童最大的帮助，促进儿童心理机能的发展。

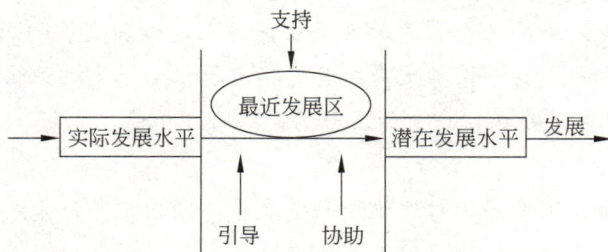

图3-2　最近发展区

（2）"最近发展区"理论的应用

围绕最近发展区理论，维果茨基在教学与发展的关系上提出了3个重要观点。

① 最近发展区由教学创造。最近发展区是指在有指导的情境下，儿童借助成人的帮助所达到的解决问题的水平与在独立活动中所达到的解决问题的水平之间的区域。这个动态发展的区域实际上是教育教学所带来的发展，是潜能的开发，所以说最近发展区由教学创造。

② 教学应走在发展的前面。根据最近发展区思想，如果教学要求不高于学生的现有发展水平，则这样的教学只是适应儿童的发展而不能促进儿童的发展；如果教学要求超过学生的潜在发展水平，即使教师给予指导，学生也不能明白，只能死记硬背，这样的教学也不利于学生的发展。因此，教学要求应该略高于学生的现有水平，又不超过学生的潜在发展水平，即达到学生的最近发展区的教学是最能够促进学生的发展的。因此，教学要走在发展的前面。

③ 学习的最佳期限。维果茨基认为，儿童学习任何技能都有一个最佳年龄，如果错过这个最佳年龄将不利于其发展。学习的最佳期限就是要建立在正在开始又尚未形成的机能之上。对儿童的教育教学也必须以生物成熟为前提，又要走在心理机能形成的前面，教育教学的最佳期限也就是儿童最容易接受有关教育教学影响的时期。同时，儿童的最近发展区是动态的，是不断发展的，教学要随着儿童年龄和水平的变化寻找最佳期限。

知识点拨

班杜拉的社会学习理论

美国当代著名心理学家阿尔伯特·班杜拉原来信奉新行为主义，后来受到认知主义的影响，逐步从传统的行为研究中走出来，由偏重外部因素作用的行为主义观向兼顾内在和外在因素的新观点转变，逐步建立他的社会学习理论。社会学习是通过观察环境中他人的行为以及行为结果来进行学习。从学习的结果来看，主要是习得社会行为及行为方式；从学习的方式来看，主要是通过观察来进行的。因此，社会学习也称为观察学习，后来由于强调认知因素在学习中的作用，又将该理论称为社会认知理论。

一、观察学习

社会学习理论把学习分为两种：一种是参与性学习，是通过直接亲自体验行动结果所进行的学习。这种通过直接经验而获得行为反应模式的学习，也叫直接经验的学习；另一种是替代性学习（即观察学习），是通过观察他人的行为及行为结果所进行的学习，即观察他人的行为结果受到奖励还是惩罚所获得的行为反应模式，而不必亲自动手做和体验行动结果，因此也叫间接经验的学习。

班杜拉重视对观察学习过程的分析，认为观察学习由4个子过程构成。

（1）注意过程。观察学习始于学习者对示范者的注意。如果人们对榜样行为的重要特征不加以注意，就无法通过观察进行学习。

（2）保持过程。观察学习对示范行为的保持依存于两个存储系统：一个是表象系统，另一个是言语编码系统。前者把示范行为以表象形式存储于记忆中，后者在观察学习中发挥着极为重要的作用，使得示范行为被更准确地习得、保持和再生。在儿童早期，视觉表象在观察学习中起着重要作用，但在言语技能发展到一定阶段时，言语编码就成为主要的信息保存形式。

（3）运动再生过程。也称为动作再现过程，即再现以前所观察到的示范行为，涉及运动再生的认知组织和根据信息反馈对行为进行调整等操作，在行为实施的初始阶段，反应在认知水平上得到筛选和组织。

（4）动机过程。再现示范行为后，观察学习者因表现出示范行为而受到强化，从而影响后继行为产生的动机。

二、强化的模式

班杜拉认为行为的强化模式有3种：直接强化、替代性强化和自我强化。直接强化是指观察者因表现出观察行为而受到的强化；替代性强化是指观察者因看到榜样行为受到强化而受到的强化；自我强化是指学习者对自己的行为表现满意而进行的自我奖励。班杜拉非常强调观察学习和替代性强化在获得新行为中的作用。班杜拉认为，学习就是学习者通过观察示范者的行为及其结果而获得某些新的行为反应模式的过程。

三、三元交互作用论

班杜拉总结出影响学习的类因素，即环境（资源、行动结果、他人与物理条件）、个体（信念、期望，态度与知识）和行为（个体行动、选择和言语表述）。他认为这类因素互为因果，每两者之间都具有双向的互动和决定关系，因此，这一理论又被称为三元交互作用论，如图3-3所示。

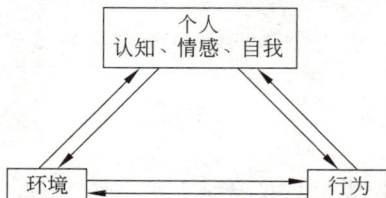

图 3-3　环境、个体和行为

具体地说，影响观察学习的因素如下。

（1）观察者因素。观察者的期望、信念、自我效能感、知识等认知因素对学习行为影响非常大。班杜拉认为，人们并不是简单地对刺激做出反应，而是对刺激加以解释，刺激是通过人们的预期作用而影响特定行为发生的可能性。如果人们想有效地活动，就必须预期到这些不同事件和行动的可能后果，从而相应地调整自己的行为。

（2）环境因素。行为主义非常强调外部环境，尤其是奖励等诱因对行为的影响。班杜拉也强调环境因素对学习行为的影响。环境资源、重要的人可能会影响观察学习，如有权威的人或技能熟练的人更有可能成为被模仿的对象；尤其是行为结果的直接强化和替代性强化对观察学习影响较大，观察者会模仿那些能给他们带来奖赏的行为。

（3）行为本身的因素。如果示范行为本身是有意义的、符合观察者的期望，观察者就会有意识地去模仿；如果示范行为对于观察者来说是适当的、有能力模仿的，会自觉或不自觉地去模仿；示范行为的表现质量也会影响观察学习的效果。

扫码学习 3.6 社会学习在儿童社会化过程中的作用微课

📖 知识点拨

弗洛伊德的精神分析理论

弗洛伊德是 20 世纪最杰出的心理学家之一，其精神分析思想影响广泛而深远。

弗洛伊德提出了三分人格结构，即本我、自我与超我。本我是最原始的、先天的本能、欲望，属于无意识的结构部分，是人格形成的基础，它遵循快乐原则，总是追求快乐；自我是从本我中分化出来的，是意识的结构部分，处于本我和外部世界之间，根据外部世界的需要，对本我进行压抑和控制，它遵循现实原则；超我是从自我中分化出来的，起到道德、良心的监督作用，它遵循伦理原则。弗洛伊德认为在正常情况下，这三者处于相对平衡的状态中。当这种平衡关系遭到破坏时，就会产生精神病。

弗洛伊德把性本能冲动看成本我的主要内容，因此，他认为人格的发展是建立在性生理和性心理发展的基础上的，他的人格理论被称为"心理性欲发展理论"。但是，他所理解的性是包容广泛的，不仅包括性成熟后的性，而且包括性成熟前的各种各样的活动和观念——它们都通过他的性感区的概念而具有性的象征意义。弗洛伊德根据儿童在不同时期其力比多（即本我的能量，指原始的本能的冲动）所投放的区域不同，把人格发展划分为 5 个阶段：口唇期(0~1 岁)、肛门期(1~3 岁)、性器期(3~6 岁)、潜伏期(6~11 岁)、生殖期(12 岁开始)。在每个阶段，如果发展顺利，儿童的人格就会倾向于积极方面。反之，倾向于消极方面。而且他认为每个儿童这 5 个阶段的发展顺序是不变的。

（1）口唇期

这一时期，力比多投放在口唇区域，口唇区域成为快感的中心，婴儿通过吸吮、吞咽、撕咬等活动获取快感。在这一时期，如果婴儿的口唇活动没有受到限制，成年后的性格倾向于积极乐观；如果婴儿的口唇活动受到限制，那么成年后的性格倾向于消极悲观。而且此后儿童所表现出的咬铅笔、咬指甲、嚼口香糖等活动以及成人后的抽烟、酗酒、贪吃等活动都是因为这一时期口唇活动受限造成的。

（2）肛门期

这一时期，力比多投放在肛门区域。肛门成为快感中心，幼儿通过排泄解除压力而产生快感。这时，幼儿要学会控制排便过程，使其符合社会要求，为此要接受在厕所中排便的训练。如果肛门排泄活动不加以限制，成年后其性格倾向于肮脏、浪费、凶暴和无秩序；如果过于限制，则成年后其性格会倾向于清洁、忍耐、吝啬和强迫性。

（3）性器期

这一时期，力比多投放在生殖器上。性器官成为儿童获取快感的中心，幼儿通过抚摩自己的生殖器感到快感。这时幼儿以异性父母为"性恋"对象，男孩恋爱母亲，嫉妒父亲；女孩恋爱父亲，嫉妒母亲。这种幼年的性欲由于受到压抑在男孩心里就形成了恋母情结（又称为俄狄浦斯情结）。在女孩心里就形成了恋父情结（又称为爱烈屈拉情结）。如果这两种情结获得正当解决，儿童认同父母的价值观，促进超我的形成与发展，就会形成与年龄、性别相适应的人格特征。

以上3个心理性欲阶段是人格发展的最重要阶段。弗洛伊德认为，成人的人格实际上在人生的前5年就已形成了。

（4）潜伏期

这一时期，力比多处于休眠状态。儿童将上一阶段以父亲或母亲为性对象的冲动转移到其他事物上，如学习、打球、艺术、游戏等，其兴趣主要在同伴而不在父母，并有排斥异性同伴的倾向。男女儿童界限清晰，直到青春期才有所改变。

（5）生殖期

这是人格发展的最后阶段。这一时期力比多仍集中在生殖器上，生殖器成为主要的性感区。随着青春期的到来，男女儿童在身体和性上趋于成熟。性的能量和成人一样涌动上来，异性恋倾向明显。此时，青少年力图摆脱成人的束缚，建立自己的生活。因此难免会与成人产生摩擦。个体生殖期的性格是在前几个阶段的基础上发展起来的，这时个体已从一个自私的追

扫码学习 3.7 对弗洛伊德的评价微课

求快感的孩子转变成一个具有追求异性权利的、现实的社会化的成人。具有这种性格的人在性的方面、心理方面、社会方面都达到成熟的、完美的状态，但弗洛伊德认为，很少有人能达到这个理想水平，因为在人格发展过程中可能会遇到固着甚至倒退。如果在发展过程中，力比多固着或倒退到某个发展阶段，就会形成与该阶段相应的性格。

知识点拨

埃里克森的新精神分析理论

美国心理学家、儿童精神分析医生艾瑞克·埃里克森是新精神分析派的代表人物。埃里克森通过临床观察以及对大量病例的分析，在批判弗洛伊德的心理性欲发展阶

段理论的基础上，强调社会文化对人格发展的作用。因此他的理论被称为心理社会发展理论。

埃里克森认为，人格是受生物、心理和社会方面因素的影响，在自我与社会环境相互作用中形成的。其发展经历几个既连续又不同的阶段，每阶段都有其特定的发展任务。如果成功地完成发展任务，就形成积极的品质；如果发展任务没有成功地完成，就形成消极的品质。一个阶段任务的完成有助于下一个阶段任务的完成。如果没有成功完成前一阶段的任务，将会对这个人后来的发展产生消极的影响，但是后期的发展阶段也可以克服前期出现的问题。在任何一个阶段，个体都可以在前后两个阶段之间往复发展。由于每个儿童完成任务、解决冲突的程度不同，因此发展的结果和过程也是不一样的。埃里克森把人的一生从出生到死亡划分为 8 个互相联系的阶段，要解决 8 对矛盾。因篇幅有限，这里只列出学前阶段相关的前三个阶段和三对矛盾，其他内容请扫码学习。

一、信任感VS不信任感(出生~1岁)

第一阶段为婴儿期，儿童的主要发展任务是满足生理上的需要，发展信任感，克服不信任感，体验着希望的实现。婴儿的主要活动是吃奶，如果父母等抚养者能爱抚儿童，及时满足他们各方面的基本需求，婴儿就会对周围的人产生信任感，感到世界和人是可靠的。相反，如果需要没有得到满足，儿童就会产生不信任感和不安全感。对人和环境的信任感是形成健康人格的基础，也是以后各阶段发展的基础。如果个体在人生最初阶段建立了信任感，将来在社会上就可以成为易于信赖和满足的人；反之，他将成为不信任别人和贪得无厌的人。

二、自主感VS羞怯感和怀疑感(1~3岁)

第二阶段为儿童早期。儿童的主要发展任务是获得自主感，克服羞怯和怀疑，体验着意志的实现。由于生理成熟而引起的肌肉协调以及学会爬行和走路，这一阶段的儿童表现出较强的自我控制需要与倾向，他已不满足于停留在狭窄的空间之内，而渴望着探索新的世界，渴望自主，渴望按自己的想法去做事情。因此，一方面父母要给儿童一定的自由，允许他们去做力所能及的事情，并以各种形式对他们的自主性和独立性表示认可和赞扬，以帮助他们自信心的形成。如果父母对子女的行为限制惩罚与批评过多，就会使儿童产生羞怯感，怀疑或否定自身的能力，影响他们的身心发展。另一方面，父母还要根据社会的要求，对儿童的行为进行一定程度的限制或控制，只有这样才能使儿童既学会独立生活，又能服从一定的规定和要求，以便将来能遵守社会的秩序和法规。这一阶段发展任务的解决，会影响个人以后对社会组织和社会理想的态度，也为未来的秩序和法制生活做好了准备。

三、主动感VS内疚感(3~6岁)

第三阶段为学前期或游戏期。儿童的主要发展任务是获得主动感，克服内疚感，体验着目的的实现。在这一阶段，儿童的肌肉运动与言语能力发展很快，活动范围也进一步向外界扩展，对周围环境充满了好奇心。因此，儿童的照顾者应为儿童提供尝试新事物的机会，鼓励他们积极行动。同时也要帮助他们做出与其他人的需要不相冲突的合乎实际的选择，这样儿童的主动性就会得到进一步发展。相反，如果大人阻拦他们从事独立的活动或者把这些活动作为愚蠢而又令人讨厌的事情不予认真考虑时，儿童就可能会产生内疚感和失败感。埃里克森认为，个人未来在社会中所能取得的工作上、经济上的成就，都与儿童在这一阶段主动性的发展程度有关。

扫码学习 3.8 埃里克森八阶段理论微课

📖 知识点拨

朱智贤的儿童心理发展观

朱智贤是我国现代心理学家、教育家、新中国儿童心理学的奠基者。他主张用辩证唯物主义观点对心理发展中的一系列重大理论问题进行探讨，为中国儿童心理学的研究发展指明了方向。

一、强调对心理发展的基本问题的探讨

新中国成立之初，朱智贤就强调要用辩证唯物主义的观点探讨儿童心理发展的一些基本问题，主要包括先天与后天的关系、内因与外因的关系、教育与发展的关系、年龄特征与个别差异等。

（1）先天与后天的关系

在先天与后天的关系问题上，朱智贤承认先天因素在儿童心理发展中的作用，不论是遗传还是成熟，它们都是儿童心理发展的生物基础，提供了发展的可能性；而后天环境和教育则将这种可能性变成现实性，决定着儿童心理发展的方向和内容。

（2）内因与外因的关系

朱智贤认为，环境和教育的关系不像行为主义所说的那样机械地决定儿童心理的发展，而是通过儿童心理发展的内部矛盾起作用的。这个内部矛盾是主体在实践中，通过主客体的交互作用而形成的新的需要与原有水平的矛盾，这个矛盾是儿童心理发展的内部动力。

（3）教育与发展的关系

儿童的心理发展不是由外因机械地决定的，也不是由内因孤立地决定的，而是由适合于儿童心理内因的那些教育条件来决定的。从教育到心理发展，儿童心理要经过一系列量变到质变的过程。

（4）年龄特征与个别差异

朱智贤指出，儿童与青少年心理发展的质的变化会表现出一定的年龄特征，心理发展的年龄特征不仅有稳定性，也有可变性，在同一年龄阶段，既有本质的、一般的、典型的特征，又有人与人之间的差异性，即个别差异。

二、强调运用系统的观点研究心理学

朱智贤经常说，认知心理学强调儿童的认知发展，精神分析学派强调儿童情绪发展的研究，行为主义强调儿童行为发展的研究，我们则要强调儿童心理整体发展的研究。其主要观点如下。

（1）将心理作为一个开放的组织系统来研究。因此，在研究心理发展时，要研究心理与环境的关系，要研究心理内在结构即各子系统的特点，要研究心理与行为的关系，要研究心理活动的形式。

（2）系统分析各种心理发展的研究类型。强调在研究中应该系统地分析纵向研究和横向研究、个案研究和成组研究、常规研究与现代科学技术相结合的现代化研究等。

（3）系统处理结果。心理既有质的规定性，又有量的规定性，因此，对心理发展的研究结果，既要进行定性研究，又要进行定量分析，把两者有机结合起来。

三、提出坚持在教育实践中研究中国化的发展心理学

朱智贤多次提出发展心理学研究的中国化问题。早在 1978 年他就指出，中国的儿童与青少年及其在教育中的种种心理现象有自己的特点。这些特点表现在教育实践中，需要我们深入研究。他强调应当坚持在实践中，特别是在教育实践中研究发展心理学，这是我国心理学前进道路上的主要方向。他反对脱离实际为研究而研究的风气，主张研究中国人从出生到成熟的心理发展特点及其规律，并主张将心理学的基础理论和应用研究结合起来，即不仅提倡在教育实践中研究发展心理学，而且积极建议搞教育实验和教学实验，主张在教育实验中培养儿童与青少年的智力和人格。

任务实操3-2

1. 分小组制作学前儿童行为分析理论指导课件，并在课堂演示。根据课件及课件演示质量进行评价。

2. 整理不同心理学家对儿童心理和行为的主要观点并填入本项目末活页中。

任务三 掌握学前儿童行为观察与指导的原则

情境导入

主班教师告诉冰冰，要想更好地帮助学前儿童全面发展，在掌握了学前儿童行为观察与指导的理论知识后，在分析和指导学前儿童行为的实际操作过程中，还应该掌握学前儿童行为观察与指导的原则，那么我们要坚持哪些原则呢？

任务提示

1. 在儿童行为观察与指导的过程中要坚持哪些原则？

2. 如果违反了这些原则会有什么不良影响?

📖 知识点拨

整体性原则

不同的学者将学前儿童的发展分为不同的领域。我国将 3~6 岁学前儿童的发展分为健康、语言、社会、科学和艺术 5 大领域,莎曼等人则将儿童的行为分为身体动作、智力发展、情绪情感、社会性互动、语言刺激 5 个领域。但是不管如何划分,儿童的行为是一个整体。之所以将学前儿童行为分成几个发展的领域,是为了给学习者提供一个认识儿童行为的框架。学前儿童的各个领域之间相互联系、相互影响、相互融合、相互支撑,各个领域以整合的方式,共同影响着儿童个体。在学前时期,全面、协调的发展是十分重要的,任何一方面的发展都依赖于其他方面的相应发展,任何一方面的偏废都会伤害幼儿整体的发展。《3~6 岁儿童学习与发展指南》强调在实施保育和教育时,要"关注幼儿学习与发展的整体性,注重领域之间、目标之间的相互渗透和整合,促进幼儿身心全面协调发展,而不应片面追求某一方面或几方面的发展"。因此我们在分析儿童的行为时,要遵从整体性原则,从多个领域寻找原因、做出评价。同时,在指导学前儿童行为时也要着眼于整体,在一个领域出现问题后,要从多个领域寻找对策,促进一个领域的发展时,又要兼顾其他领域的发展。例如,指导幼儿大动作发展的同时,还可以利用运动游戏同时促进幼儿的社会领域和语言领域的学习与发展。

📖 知识点拨

理解和尊重儿童的原则

一、理解和尊重学前儿童的身心发展规律

学前儿童的发展是一个持续、渐进的过程,同时也表现出一定的阶段性特征。我们在进行行为观察和指导时要提前了解幼儿的身心发展规律,一切从有利于幼儿的全面发展角度出发。只有充分尊重学前儿童身心发展规律,才能正确地分析、解读幼儿的行为,促进其更好地成长和发展。

二、理解和尊重幼儿的个体差异

《纲要》特别强调:"教育内容、要求要兼顾群体需要和个体差异,使每个幼儿都能得到发展,都有成功感。"学前儿童的学习方式和发展速度各有不同,在不同学习与发展领域的表现也存在明显的个体差异。幼儿年龄越小,个体差异就越明显。教师和家长不能用一把"尺子"衡量所有学前儿童,不应该要求所有孩子在统一的时间达到相同的水平,应当允许幼儿按照自身的速度和方式达到某些参考标准所呈现的发展"阶梯"。因此,我们在使用幼儿发展常模(参照基准)和《3~6 岁儿童学

习与发展指南》等评价幼儿时,应当理解和尊重学前儿童的个体差异,允许这种差异的存在,因材施教,耐心运用各种方法对幼儿进行鼓励、指导和帮助,让每个水平的孩子都得到更好的发展。

三、尊重幼儿的人格与权利

《中华人民共和国宪法》(以下简称《宪法》)第三十八条规定:"中华人民共和国公民的人格尊严不受侵犯。禁止用任何方法对公民进行侮辱、诽谤和诬告陷害。"学前儿童作为独立的个体,拥有独立的人格和法律所赋予的姓名权、肖像权、名誉权、荣誉权和隐私权。教师和家长在行为观察和指导时应当尊重学前儿童的人格和权利,不能因为其年龄小就无视幼儿的人格和权利。

📖 知识点拨

立足于学前儿童长远发展的原则

《纲要》明确指出:"幼儿园教育是基础教育的重要组成部分,是我国学校教育和终身教育的奠基阶段",要为"幼儿一生发展打好基础"。教育活动内容的选择"既符合幼儿的现实需要,又有利于其长远发展。""既贴近幼儿的生活来选择幼儿感兴趣的事物和问题,又有助于拓展幼儿的经验和视野。"因此,我们对学前儿童行为的指导不仅仅要满足他们当前的需要,更要着眼于幼儿发展的长远目标,注重那些影响学前儿童一生的优良品质的培养。

例如,我们在指导幼儿大动作发展时,不应当仅仅满足于大动作能力的培养,而是应当在增强幼儿运动能力的同时,帮助学前儿童养成热爱运动的生活习惯,形成坚毅的品格、团队合作的精神和规则意识,为幼儿一生的发展打下坚实的基础。再如,我们在指导幼儿艺术领域的发展时,不应当仅仅满足于某种乐器的演奏和绘画技能的培养,而是应当立足于提高学前儿童的艺术素养和对美的理解与追求。有的家长盲目强迫孩子练习钢琴,不讲究方式方法,结果适得其反,使幼儿失去了对音乐的兴趣,得不偿失,不利于学前儿童长远发展。

📖 知识点拨

把握指导的契机的原则

教师和家长在对幼儿的行为进行指导时,要特别注意把握指导的恰当时机,这关系到学前儿童行为指导的实际效果。如果能在合适的时机介入,就会事半功倍,可以更好地培养幼儿形成良好的行为规范和行为习惯;反之,如果不能科学选择指导的时机,不仅达不到行为指导的目的,还可能会适得其反抑制儿童的发展。指导的时机取决于两个因素:一是成人的期待,主要指成人所希望幼儿在活动中表现出的发展水平;二是幼儿的需求,主要指幼儿的活动是否自然顺畅,是否有得到帮助的需求。在指导前应充分评估介入时机是否得当，通常情况下，当还不确定是否需要介入指导幼儿时，除非儿童当时的行为会威胁到他们自身及他人的安全，否则应先对幼儿的行为进行细致的观察，直到找到合适的时机和方法再来指导幼儿。

知识点拨

公平对待每一个幼儿的原则

《纲要》特别强调："幼儿园的教育是为所有在园幼儿的健康成长服务的，要为每一个儿童，包括有特殊需要的儿童提供积极的支持和帮助。"教师在指导幼儿时应力求公平、一视同仁。作为专业教育者，幼儿园教师与家长这样的非专职教育者的重要区别，就在于家长对子女的爱是专门的、特定性的、偏爱的；而教师则需要将自己的时间和精力给予全体儿童，并保证他们享有同等的教育机会。尤其是我们在面对一些发展滞后、顽皮好动或者有问题行为的幼儿时更要坚持公平公正，更不能因为幼儿的家庭经济情况、家长的教育背景和身份地位的差异对幼儿区别对待。公平对待每一名幼儿既是对幼儿教师职业道德的要求，也是对职业素养的要求，更是对学前儿童价值观的引领。

知识点拨

坚持家园合作的原则

家庭是学前儿童生活的主要场所之一。家长的指导对儿童良好行为的养成和问题行为的改善都起到至关重要的作用。如果想要达到理想的行为指导效果，必须和幼儿的家长合作。

一、家园合作有利于帮助家长树立科学的家庭教育观

父母是孩子的第一任教师，也是终身教师。父母对孩子的影响是经常的、牢固而深刻的。家长是幼儿最亲近的人，家庭教育对幼儿的认知和行为习惯的养成起到潜移默化的作用。家长的性格、文化修养、道德观念、个性特点对孩子的健康成长起着举足轻重的作用。由于家长的认知、背景和个性不同，家长的教育知识参差不齐，幼儿园应加强与家长的情感沟通与信息交流，可以使家长们逐步意识到自己也是儿童教育的主体，树立科学的家庭教育观，家园共育，促进学前儿童全面发展。

二、家园合作有利于全面掌握学前儿童的行为并发现行为背后的根源

通过家园合作，教师可以从家长那里获取更多有效信息，从而可以更全面地了解幼儿的行为，与家长就孩子的行为进行深入访谈，发现有价值的线索，找到学前儿童行为背后的原因，对症下药。

三、对学前儿童的行为指导措施需要家园配合才能有效实施

对幼儿的行为指导是一个系统工程，既需要幼儿教师耐心得当的指导，又需要

家长全力配合，如果家园要求不一致，就有可能影响行为指导的效果，甚至前功尽弃。所以在对学前儿童行为指导时一定要争取家长的全力配合，双管齐下，才能达到满意的效果。

任务实操3-3

1. 列表总结学前儿童行为观察与指导的原则并填入本项目末活页中。
2. 查找资料，小组讨论如何利用家园合作做好学前儿童的行为观察和指导。

课后提升

巩固提升

一、判断题（请在你认为正确的题目前打"√"，错误的打"×"）

1. 不符合学前儿童发展常模的幼儿发展一定存在问题。 （ ）

2. 不同理论指导下对儿童行为指导的原则与方法也不尽相同，在实践中综合使用各种理论的诸多方法对幼儿行为培养、干预与塑造更为有效。 （ ）

3. 一般来说，影响学前儿童行为形成的因素主要包括内部因素和外部因素两方面。 （ ）

4. 在发现幼儿的问题后，要第一时间进行指导。 （ ）

5. 学前儿童行为观察与指导必须坚持家园合作的原则。 （ ）

二、请绘制本项目思维导图

请绘制在单独页面上。

拓展资源

1. 美国学者华生说过："给我一打健康儿童，我可任意改变，使之成为医生、律师等。"扫码学习华生的行为主义理论，你认为这种说法对吗？

2. 好书推荐：《思想与行动的社会基础：社会认知理论》阿尔伯特·班杜拉、《孩子是脚，教育是鞋》李跃儿。

（以下三页可拆下用于完成任务）

扫码学习3.9 华生的
行为主义理论微课

✦ 任务实操活页

任务实操3-1

请根据学前儿童行为观察与指导的实施要点做一个流程图。

任务实操3-2

1. 分小组制作学前儿童行为分析理论指导课件，并在课堂演示。根据课件及课件演示质量进行评价。课堂现场展示评价得分。

_____

_____

_____

_____

_____

_____

_____

_____

_____

_____

2. 整理不同心理学家对儿童心理和行为的主要观点。

心 理 学 家	主 要 观 点

任务实操3-3

1. 列表总结学前儿童行为观察与指导的原则。

行为指导原则	主 要 内 容

2. 查找资料，小组讨论如何利用家园合作做好学前儿童的行为观察和指导。

_____
_____
_____
_____
_____
_____
_____
_____
_____

✦ 任务实操考核评价

班级_____ 组别_____ 姓名_____ 学号_____ 日期_____ 评价项目_____

评价阶段	评价内容	分值	佐证材料	学生自评	小组互评	教师评价	平台数据
课前自学	"扫码学习"完成度	10	平台数据				
	自学自测	10	是否完成测试题				
课中实训	任务实操3-1完成情况	20	实操作业				
	任务实操3-2完成情况	20	实操作业				
	任务实操3-3完成情况	20	实操作业				
	树立科学的儿童观、评价观	5	是否能科学、公平、公正地评价和指导幼儿				
课中实训	树立为国家、社会和家庭培养优秀人才的职业理想和掌握扎实学识的意识	5	是否树立一定的职业理想和主动学习学前教育知识、技能				
课后提升	巩固提升	5	平台数据				
	拓展资源完成度	5	平台数据				
项目得分			教师签名				

评价说明：项目评价分值仅供参考，教师可以根据实际情况进行调整。在本项目完成之后，由任课教师主导，采用过程性评价与结果评价相结合，综合运用自我评价、小组评价和教师评价三种方式，由教师确定三种评价方式分别占总成绩的权重，计算出学生在本项目的考核评价得分（平台数据完成的打"√"，未完成的打"×"）。

项目四
学前儿童健康领域行为观察与指导

项目概述

本项目主要学习学前儿童健康领域行为观察与指导，通过案例学习学前儿童饮食、睡眠、情绪、安全感与信赖感、适应能力、耐力和平衡能力、卫生习惯养成、生活自理能力、安全与自我保护等行为的观察、分析与指导。

学习目标

素质目标：

1. 树立科学的儿童观、评价观；
2. 提高培养身心健康公民的责任感和使命感。

知识目标：

1. 了解学前儿童健康领域行为观察与指导内容；
2. 掌握学前儿童情绪、动作发展、生活与卫生习惯、自理能力、自我保护能力等行为的观察要点；
3. 掌握学前儿童健康领域行为的分析方法；
4. 掌握学前儿童健康领域行为的指导方法。

能力目标：

1. 能够根据学前儿童健康领域的观察目的做好观察准备、制订观察计划；
2. 能够科学规范地对学前儿童健康领域行为进行观察和记录；
3. 能够对学前儿童健康领域行为观察的结果进行分析，制定指导方案，促进学前儿童健康领域的学习与发展。

案例导入

【案例 4-1】

某幼儿园在对 53 名小班新生入园查体和评估中发现，超重幼儿 3 名，占比 5.7%；肥胖幼儿 2 名，占比 3.8%；体重偏低幼儿 4 名，占比 7.5%；患有不同程度的乳牙龋齿的幼儿 17 名，占比 32.1%；有刷牙习惯的幼儿 15 名，占比 28.3%；弱视 1 名，占比 1.9%；近视 1 名，占比 1.9%；每日看电视、平板电脑或手机时间超过 1 小时的幼儿 27 名，占比 50.9%；入园前每日户外活动不超过 1 小时的幼儿 22 名，占比 41.5%；不能独立进餐幼儿 36 名，占比 67.9%；不能独立小便幼儿 21 名，占比 5%；不能独立大便的幼儿 45 人，占比 5%；不能独立穿脱单衣的幼儿 33 名，占比 39.6%；不能独立穿脱鞋袜的幼儿 28 名，占比 52.8%；入园一周后，仍持续哭闹的幼儿 13 名，占比 24.5%。由以上数据可以看出，小班幼儿由于年龄小，生活环境和家庭养育方式不同，在身体健康、生活自理、适应能力等方面呈现出不同的状况，作为幼儿教师，我们应当怎样做来更好地促进幼儿健康领域的学习和发展呢？

课前自学

知识点拨

健康领域学习与发展概述

　　健康是指人在身体、心理和社会适应方面的良好状态。幼儿阶段是儿童身体发育和机能发展极为迅速的时期，也是形成安全感和乐观态度的重要阶段。发育良好的身体、愉快的情绪、强健的体质、协调的动作、良好的生活习惯和基本生活能力是幼儿身心健康的重要标志，也是其他领域学习与发展的基础。

　　为有效促进幼儿身心健康发展，成人应为幼儿提供合理均衡的营养，保证充足的睡眠和适宜的锻炼，满足幼儿生长发育的需要；创设温馨的人际环境，让幼儿充分感受到亲情和关爱，形成积极稳定的情绪情感；帮助幼儿养成良好的生活与卫生习惯，提高自我保护能力，形成使其终身受益的生活能力和文明生活方式。

　　幼儿身心发育尚未成熟，需要成人的精心呵护和照顾，但不宜过度保护和包办代替，以免剥夺幼儿自主学习的机会，养成过于依赖的不良习惯，影响其主动性、独立性的发展。

知识点拨

学前儿童健康领域行为观察与指导的重要性

　　学前儿童身心健康是其全面协调发展的基本条件，是智力素质、品德素质和审美素质发展的基础，是关系家庭幸福和祖国未来人才质量及民族体质的大事。《幼儿园教育指导纲要（试行）》明确指出："幼儿园必须把保护幼儿的生命和促进幼儿的健康放在工作的首位。"陈鹤琴先生曾说："幼稚园第一要注意的是儿童的健康。"

一、幼儿期是儿童身心发展的关键期

　　幼儿生长发育处于十分迅速和旺盛的时期，同时身体各器官、系统的发育和功

能尚未完善，组织比较柔嫩，健康知识经验也比较少，身体活动的能力、生活自理能力及自我保护能力较差，需要利用一切有利因素促进学前儿童正常的生长发育，增进和维护学前儿童的身心健康。因此，做好学前儿童健康领域学习与发展的行为观察与指导非常必要。

二、身心健康是儿童全面发展的前提和基础

学前儿童的身心健康是其智力发展、社会性发展、品德发展和审美发展的物质基础。周恩来总理说过："健全自己的身体，保持合理的规律生活，这是自我修养的物质基础。"居里夫人也说："科学的基础是健康的身体。"做好学前儿童健康领域学习与发展的行为观察与指导，对提高幼儿的生命质量，培养其健康的生活理念和生活方式都有重大的意义。

三、培养身心健康的社会主义接班人是国家富强、民族复兴的需要

儿童是国家未来的接班人和建设者，健康的体魄是为祖国和人民服务的基本前提，是中华民族旺盛生命力的体现。通过行为观察，更好地开展学前儿童健康教育，有目的、有计划、有组织地帮助幼儿掌握健康知识，树立健康意识，养成良好的、积极的、健康的生活习惯，对国家建设和民族复兴意义重大。

知识点拨

学前儿童健康领域学习与发展观察的主要内容

3~6 岁学前儿童健康领域学习与发展目标分为身心状况、动作发展和生活习惯与生活能力 3 方面。每个方面又分为几个具体的目标，健康领域行为观察就是以观察儿童是否达成这些目标为主要内容。

一、身心状况

（1）是否具有健康的体态；
（2）是否情绪安定愉快；
（3）是否具有一定的适应能力。

二、动作发展

（1）是否具有一定的平衡能力，动作协调、灵敏；
（2）是否具有一定的力量和耐力；
（3）手的动作是否灵活协调。

三、生活习惯与生活能力

（1）是否具有良好的生活与卫生习惯；
（2）是否具有基本的生活自理能力；
（3）是否具备基本的安全知识和自我保护能力。

扫码学习 4.1 学前儿童健康领域学习发展的观察与指导微课

自学自测

一、填空题

1. 健康是指人在（　　）、（　　）和（　　）方面的良好状态。

2. 3~6 岁学前儿童健康领域学习与发展目标分为（　　）、（　　）和（　　）三方面，每个方面又分为几个具体的目标。

3. 学前儿童健康领域学习与发展目标的身心状况主要内容为（　　）、（　　）和（　　）三方面。

4. 学前儿童生活能力包括（　　）和（　　）。

二、简答题

1. 陈鹤琴先生说："幼稚园第一要注意的是儿童的健康。"请查找相关资料，谈一谈你对学前儿童健康的理解。

2. 为什么要重视学前儿童健康领域学习与发展的行为观察与指导？

课中实训

实训目标

1. 能够掌握学前儿童健康领域行为观察的内容和要点。

2. 能够通过行为观察评估学前儿童健康领域学习和发展情况及存在的问题。

3. 能够分析学前儿童健康领域学习和发展问题产生的原因。

4. 能够根据行为观察与分析的结果，制定指导措施，促进学前儿童健康行为的养成。

5. 增强学前教育工作者培养身心健康接班人的责任感和使命感。

实训内容

任务一　认识学前儿童健康领域行为观察与指导

任务二　掌握学前儿童情绪观察与指导

任务三　掌握学前儿童入园焦虑观察与指导

任务四　掌握学前儿童动作发展观察与指导

任务五　掌握学前儿童生活与卫生习惯及自理能力观察与指导

任务六　掌握学前儿童自我保护能力观察与指导

☑ 实训条件

实训条件如表 4-1 所示。

表 4-1　项目四实训条件

名　称	实　训　条　件	要　　求
实训环境	理实一体化教室	校园网无线 Wi-Fi，可在线观看线上资源
物品准备	1. 签字笔； 2. 记录本（活页）； 3. 问卷量表； 4. 手机或平板电脑等录音录像设备； 5. 学前儿童健康领域活动材料（绘本、器材、玩具、教具等）； 6. 学前儿童健康领域活动影像资料	活动材料充足，满足学前儿童健康领域学习和发展需求
知识准备	1. 具备学前儿童健康领域学习和发展的相关理论知识； 2. 初步具备学前儿童健康领域行为观察指导的基本知识	理解记忆相关知识点

☑ 实训步骤

1. 设计中班幼儿健康领域行为观察内容清单。

2. 小组讨论案例中幼儿爱哭闹的原因；列表总结常见幼儿发脾气的原因和针对性应对措施。

3. 试针对案例中幼儿的入园焦虑制定指导方案；为将入园的幼儿制定入园焦虑预防方案。

4. 分析案例中幼儿不想上幼儿园等行为的原因；制定针对性指导方案。

5. 分析案例中幼儿生活与卫生习惯及自理能力方面存在的问题及原因；制定针对性指导方案。

6. 设计自我保护能力观察记录表；针对该批受试幼儿，制定防拐骗指导方案。

任务一　认识学前儿童健康领域行为观察与指导

👥 情境导入

在前面的案例 4-1 中，幼儿园为什么要对刚入园的小班幼儿进行健康检查和评估？他们从哪些方面考察了入园新生的情况？如果是中班和大班的幼儿，标准是否相同？

📋 任务提示

1. 各年龄阶段儿童的身心发展有其独特的特点。

2. 幼儿园教师和家长应了解 3~6 岁幼儿健康领域学习与发展的基本规律和特

点，实施科学的保育和教育。

知识点拨

学前儿童健康领域行为观察的具体内容

参照《3~6 岁学前儿童学习与发展指南》，学前儿童健康领域行为观察主要有以下具体内容，如表 4-2 所示。

表 4-2　学前儿童健康领域行为观察内容

	观察目标	年龄	具体表现
身心健康	健康体态	3~4	身高体重是否适宜；是否能在提醒下自然坐直、站直
		4~5	身高体重是否适宜；是否能在提醒下保持正确的站、坐和行走姿势
		5~6	身高体重是否适宜；是否能经常保持正确的站、坐和行走姿势
	情绪	3~4	情绪是否比较稳定，很少因一点小事哭闹不止；有比较强烈的情绪反应时，是否能在成人的安抚下逐渐平静下来
		4~5	是否能在较热或较冷的户外环境中连续活动半小时左右，换新环境时是否能较少出现身体不适；是否能较快适应人际环境中发生的变化。如换新老师能较快适应
		5~6	是否能经常保持愉快的情绪。知道引起自己某种情绪的原因，并努力缓解；表达情绪的方式是否比较适度，不乱发脾气；是否能随着活动的需要转换情绪和注意
	适应能力	3~4	是否能在较热或较冷的户外环境中活动；在换新环境时情绪是否能较快稳定，睡眠、饮食基本正常；是否能在帮助下较快适应集体生活
		4~5	是否能在较热或较冷的户外环境中活动；在换新环境时情绪是否能较快稳定，睡眠、饮食基本正常；是否能在帮助下较快适应集体生活
		5~6	是否能在较热或较冷的户外环境中连续活动半小时以上；天气变化时是否较少感冒，能适应车、船等交通工具造成的轻微颠簸；是否能较快融入新的人际关系环境；如换了新的幼儿园或班级是否能较快适应
动作发展	平衡能力、动作协调	3~4	是否能沿地面直线或在较窄的低矮物体上走一段距离；是否能双脚灵活交替上下楼梯；是否能身体平稳地双脚连续向前跳；在分散跑时是否能躲避他人的碰撞，是否能双手向上抛球
		4~5	是否能在较窄的低矮物体上平稳地走一段距离；是否能以匍匐、膝盖悬空等多种方式钻爬；是否能助跑跨跳过一定距离，或助跑跨跳过一定高度的物体；是否能与他人玩追逐、躲闪跑的游戏；是否能连续自抛自接球
		5~6	是否能在斜坡、荡桥和有一定间隔的物体上较平稳地行走；是否能以手脚并用的方式安全地爬攀登架、网等；是否能连续跳绳；能躲避他人滚过来的球或扔过来的沙包；是否能连续拍球

观察目标		年龄	具体表现
动作发展	力量耐力	3~4	是否能双手抓杠悬空吊起 10 秒左右；是否能单手将沙包向前投掷 2 米左右；是否能单脚连续向前跳 2 米左右；是否能快跑 15 米左右；是否能行走 1 公里左右（途中可适当停歇）
		4~5	是否能双手抓杠悬空吊起 15 秒左右；是否能单手将沙包向前投掷 4 米左右；是否能单脚连续向前跳 5 米左右；是否能快跑 20 米左右；是否能连续行走 1.5 公里左右（途中可适当停歇）
		5~6	是否能双手抓杠悬空吊起 20 秒左右；是否能单手将沙包向前投掷 5 米左右；是否能单脚连续向前跳 8 米左右；是否能快跑 25 米左右；是否能连续行走 1.5 公里左右（途中可适当停歇）
	精细动作	3~4	是否能用笔涂涂画画；是否能熟练地用勺子吃饭；是否能用剪刀沿直线剪，边线基本吻合
		4~5	是否能沿边线较直地画出简单图形，或能沿线基本对齐地折纸；是否会用筷子吃饭；是否能沿轮廓剪出由直线构成的简单图形，边线吻合
		5~6	是否能根据需要画出图形，线条基本平滑；是否能熟练使用筷子；是否能沿轮廓线剪出由曲线构成的简单图形，边线吻合且平滑；是否能使用简单的劳动工具或用具
生活习惯与生活能力	生活与卫生习惯	3~4	是否能在提醒下，按时睡觉和起床，并能坚持午睡；是否喜欢参加体育活动；是否能在引导下，不偏食、不挑食。喜欢吃瓜果、蔬菜等新鲜食品；是否愿意饮用白开水，不贪喝饮料；是否能不用脏手揉眼睛，连续看电视等不超过 15 分钟；是否能在提醒下，每天早晚刷牙，饭前便后洗手
		4~5	是否能每天按时睡觉和起床，并能坚持午睡；是否喜欢参加体育活动；是否不偏食、不挑食，不暴饮暴食。喜欢吃瓜果、蔬菜等新鲜食品；是否常喝白开水，不贪喝饮料；是否知道保护眼睛，不在光线过强或过暗的地方看书，连续看电视等不超过 20 分钟；是否能每天早晚刷牙，饭前便后洗手，方法基本正确
		5~6	是否养成每天按时睡觉和起床的习惯；是否能主动参加体育活动；吃东西时是否能细嚼慢咽，是否能主动饮用白开水，不贪喝饮料；是否能主动保护眼睛。不在光线过强或过暗的地方看书，连续看电视等不超过 30 分钟；是否能每天早晚主动刷牙，饭前便后主动洗手，方法正确
	自理能力	3~4	是否能在帮助下穿脱衣服或鞋袜；是否能将玩具和图书放回原处
		4~5	是否能自己穿脱衣服、鞋袜、扣纽扣；是否能整理自己的物品
		5~6	是否知道根据冷热增减衣服；是否能自己系鞋带；是否能按类别整理好自己的物品
	安全知识和自我保护	3~4	是否不吃陌生人给的东西，不跟陌生人走；是否能在提醒下注意安全，不做危险的事；在公共场所走失时，是否能向警察或有关人员说出自己和家长的名字、电话号码等简单信息

续表

	观察目标	年龄	具体表现
生活习惯与生活能力	安全知识和自我保护	4~5	是否知道在公共场合不远离成人的视线单独活动；是否能认识常见的安全标志，能遵守安全规则；运动时是否能主动躲避危险；是否知道简单的求助方式
		5~6	是否能未经大人允许不给陌生人开门；是否能自觉遵守基本的安全规则和交通规则；运动时是否能注意安全，不给他人造成危险；是否知道一些基本的防灾知识

　　说明：以上表格只是学前儿童健康领域行为观察的主要内容，通常不可直接作为行为检核表来观察和评价幼儿的行为，每一项观察内容都需要在一定情境下来观察，才有可能更接近幼儿的真实情况。因此，在实施观察之前需要提前了解所要观察的目标行为的观察要点，了解该行为通常出现在什么样的场景，有时还需要给出操作定义。例如，在观察4~5岁幼儿"是否能知道在公共场合不远离成人的视线单独活动"时，不仅要询问幼儿是否知晓，还要创设模拟环境，来观察幼儿在实际场景中是否能够达成这一目标。

知识点拨

健康领域行为指导的原则

一、聚焦儿童发展原则

　　在对学前儿童健康领域的学习与发展进行指导时，首先要通过行为观察准确地评估儿童的原有基础和水平，并以此为依据制定促进儿童发展的目标和措施。保教活动的出发点和立足点都应聚焦于儿童的发展。这一原则也同样适用于学前儿童学习与发展的其他4个领域。

二、儿童为主体原则

　　健康领域活动设计的主体性原则是指教师必须坚持和体现以儿童作为活动的主体，在活动内容的选择以及活动形式的安排等方面注重激发儿童的能动性、自主性和创造性，通过为儿童创设具有趣味性、探索性并可使儿童自由交流和操作的环境与材料，引发儿童积极主动地与环境相互作用，以获得相应的经验，并在儿童自己发展和解决问题的过程中发展他们的能力。

三、开放性原则

　　健康教育活动的设计应当是开放的，而不是完全预设好、固定不变的。教师既要根据一定的教育目标和内容范围，在观察分析儿童的学习需要和年龄特点的基础上积极主动地为儿童创设和提供促进其学习的环境和资源，又要给教育活动设计留有足够的弹性，充分调动儿童探究的积极性。

四、渗透性原则

　　渗透性原则是指在设计健康教育活动时，应将健康教育活动与其他领域的内容、各种不同的学习形式与方法有机融合，将其作为一个互相联系、不可分割的完整体系来对待。为此，设计学前儿童健康教育活动时，应以儿童的生活经验为基础，开展综合式、主题式教育活动，活动内容涉及五大领域。同时，设计健康教育活动时应使不同的学习方法相互渗透和组合，让儿童在操作、游戏、实验、体验等不同的学习形式中加深对活动内容的把握，更好地获得活动经验和学习经验。

五、环境教育原则

应为幼儿创设、营造良好的物理环境和心理环境，如就餐环境要整洁、温馨、愉悦；睡眠环境要安静、空气清新、光线适宜；班级氛围要温暖团结、积极向上等。

六、循序渐进原则

幼儿的健康行为和健康习惯的养成不是一蹴而就的，需要通过观察充分了解学前儿童的经验和最近发展区，并经过长期的、反复的耐心培养才能够建立。教师和家长不能操之过急，应当给予幼儿时间和机会，循序渐进地学习和发展。

七、家园共育原则

家庭是幼儿生活的第一环境，对幼儿健康行为的影响经常会超过幼儿园的影响。在学前儿童健康教育和指导中，必须坚持家园共育原则。一方面，家庭可以为健康领域行为观察提供重要信息，有助于准确分析和判断幼儿的情况；另一方面，家庭是实施行为指导策略的重要力量。只有家园一致，通力合作，才能更好地促进学前儿童健康领域的学习与发展。

以上的行为指导原则也同样适合语言、社会、科学和艺术领域的行为指导。

任务实操4-1

请认真研读《3~6岁儿童学习与发展指南》关于健康领域学习与发展的要求，为中班幼儿设计一份幼儿健康领域行为观察内容清单，并填入本项目末的活页中。

任务二　掌握学前儿童情绪观察与指导

情境导入

【案例4-2】

多多是一名小班女孩，经常因为一点小事大哭，并且持续时间长，很难安抚。为了找到多多爱发脾气的原因，并帮助其缓解、控制情绪，教师对她进行了如下观察，如表4-3所示。

姓名：多多

性别：女

年龄：3岁9个月

观察方法：事件取样

观察目的：了解多多发脾气的原因

观察目标：多多在日常活动中的情绪、语言和行为

表 4-3　学前儿童行为观察记录表

场　景	观 察 实 录
滑梯	多多和小朋友一起玩滑梯，轮到多多时，她爬上滑梯顶部，迟迟不滑下来，一会儿站起来往周围看，一会儿又坐下，这样持续了大概 2 分钟，滑梯下面的其他幼儿等得着急了，对着她大喊："快下来！该我们了！"有个小朋友对老师说："多多赖皮，她不下来！"老师对多多说："多多，快滑下来呀，小朋友都等急了。"多多突然大哭起来。闭着眼睛扭动身体，小脚不停地踢着滑梯
种植园	老师带领小朋友给种植园的蔬菜浇水，多多想要给仙人球浇水，老师告诉她，仙人球是沙漠植物，不能经常浇水，如果浇水太多就会死掉，她还是用塑料水杯从小桶里舀了一杯水浇了下去。她要浇第 2 杯时，老师把她的水杯拿走并告诉她不能再浇了。多多把盛水的小桶踢倒，坐在地上大哭起来。边哭边喊："我要回家！我要找奶奶……"

📋 任务提示

1. 安定愉快的情绪对幼儿健康成长非常重要。
2. 幼儿对情绪的认识、调节和控制需要一个过程。

📖 知识点拨

案 例 分 析

案例 4-2 中，多多在需求遭遇拒绝后表现出愤怒的情绪，表达愤怒的方式是大哭、踢东西，教师应引导幼儿控制情绪和正确表达情绪，对于幼儿不合理的要求要温和坚定地拒绝或制止。

两起事件中教师都没有因为多多大哭而严厉地批评她，也没有做出妥协。

如滑梯事件中，主班教师让其他教师照看好其他幼儿后爬上滑梯，抱着多多一起滑下来，然后将她带到办公室坐在椅子上，跟她说："多多，我知道你想多玩一会儿滑梯，但是我们都要遵守规则。你因为不能多玩滑梯，很生气和伤心，你要是想哭，可以哭，老师会陪着你。"多多看了一眼老师，继续闭上眼大哭起来，但是老师并没有妥协。见老师没有反应，她从椅子上滑下来，坐在地上继续哭，声音更响亮了，边哭边看老师，老师只是温和地看着她。她的哭声渐渐小了，最后停了下来。老师拿来热毛巾为她擦脸，拍着她的背说："地上很凉，你要不要坐到椅子上？"她点了点头，老师把她抱上椅子，对她说："你现在感觉好点了吗？"她没有回答，但是没有再次哭闹。老师对她说："现在你没事了，我们出去玩吧！如果以后你再感到生气难过，老师还会在这儿陪着你。"

当多多在种植园发脾气时，教师也是将她带到办公室坐在椅子上，跟她说："多多，我知道你很想给仙人球浇水，但是这可能会让它死掉。你要是想哭，老师会陪着你。"多多继续大哭，并偷偷看老师的反应，就加大了哭声，边哭边看老师，老师只是温和地看着她。她的哭声渐渐小了，最后停了下来。老师拿来热毛巾为她擦脸，拍着她的背说："你现在感觉好点了吗？"她点了点头。老师说："你这次没有从椅子上下来，很不错。以后你再感到生气难过，老师还会在这儿陪着你。现在我们去种植园看看你踢倒的水桶和仙人球吧！"

可以看出，教师处理多多的情绪问题时是非常科学的。首先，教师运用"冷处理"的方法，让多多有时间平复情绪，同时也让她认识到哭闹不能达到目的；其次，教师及时共情，帮助多多说出内心的感受；再次，肢体语言（拍背）和温和的语气对幼儿的愤怒情绪有很好的平复作用；最后，教师还让幼儿对自己之前的行为后果进行善后。

需要注意的是，幼儿的情绪调节控制能力不是短时间就可以提高的，中间会有反复，家长和教师要耐心引导。对幼儿取得的进步要及时鼓励和表扬，对于中间出现的反复情况要给予更大的耐心。

知识点拨

学前儿童发脾气的观察要点

幼儿时期是情绪发展的关键期。《3~6岁儿童学习与发展指南》中提出：幼儿要情绪安定愉快，其中在对5~6岁幼儿的具体要求中明确指出，幼儿要"经常保持愉快的情绪""表达情绪的方式比较适度""能随着活动的需要转换情绪和注意"，情绪的发展对幼儿的心理健康至关重要。幼儿情绪容易变化，往往缺乏控制情绪的能力。安定愉快的情绪对幼儿心理健康至关重要，也可以为幼儿的良好个性品行打下基础。教师和家长可以通过观察幼儿发脾气的行为，分析幼儿发脾气的原因，并制定适当的行为指导策略来帮助幼儿表达、调节和控制情绪。如表4-4所示，学前儿童发脾气的主要观察要点如下。

（1）幼儿容易发脾气的时间；
（2）幼儿对谁发脾气；
（3）幼儿发脾气的诱发因素；
（4）幼儿发脾气时的表现；
（5）幼儿发脾气时对成人行为的反馈。

表4-4 幼儿发脾气观察记录表

观 察 要 点	具 体 情 况	勾选或描述
发脾气时间	来园时	
	离园时	
	午休时	
	进餐时	
	集体教学活动中，教师要求幼儿按照特定指导做事情时	
	自由活动时	
	户外活动时	
	过渡时间	
	没有规律	

续表

观 察 要 点	具 体 情 况	勾选或描述
发脾气的对象	自己的家人（父母或祖父母等）	
	其他婴幼儿	
	某一位教师	
	不确定，可以是任何一个人	
发脾气的诱发因素	被另一个孩子攻击	
	玩具或物品被人拿走	
	想要别人正在玩的玩具	
	要求被拒绝	
	不让其他幼儿和他一起玩	
	不想参加某个活动	
	不想结束某项活动	
发脾气时的表现	大喊大叫	
	大哭	
	扔东西或毁坏物品	
	打人或语言攻击	
	伤害自己	
	不理别人	
	屏气发作	
发脾气时对成人行为的反馈	观察成人是否在关注他	
	发现有成人在场加大吵闹和动作程度	
	成人与其沟通时，脾气变小 / 变大	
	成人与其肢体接触时（如抱起），脾气变小 / 变大	

知识点拨

学前儿童容易发脾气的原因

幼儿爱发脾气，有其生理、心理上的原因。幼儿的大脑神经系统功能发育还不完善，兴奋和抑制过程发展不平衡，易兴奋而难抑制。另外，幼儿的道德意识正处在刚开始形成阶段，是非观念和评判是非的能力还停留在幼稚的水平。另外，家庭教育也是造成幼儿爱发脾气的重要因素。

一、年龄特点

年龄越小的幼儿越可能发脾气。受生理特点和语言发展的限制，对情绪的认知、表达和控制能力较低，情绪激动时，往往不能及时或准确表达自己的需求，因而常常用肢体语言来表达负面情绪，如哭闹、摔东西、打人等。

二、遭遇挫折

当幼儿遭遇挫折或不如意时，如需求没有得到满足，心爱的玩具损坏或被抢走，不能顺利完成游戏等，往往会因为愤怒或委屈而情绪失控。

三、不能等待

由于学前儿童心理特点，自制力比较弱，很少能够耐心等待，一旦他们的要求没有立刻满足，就容易大哭大闹。

四、吸引注意

幼儿发脾气的行为是引起其他人注意的有效方法。一旦奏效，他们会不断重复这种行为模式；成人也有可能试着劝说、安抚幼儿，也可能失去耐心，对幼儿发脾气或体罚。这两种情况都会进一步强化幼儿发脾气的行为。

五、身体不适

当幼儿疲倦或者生病时也容易发脾气，如贫血或生病的幼儿更容易发脾气。相对于成人，幼儿需要更长的睡眠时间，年龄越小需要的睡眠时间越长。例如，一名每天午睡的幼儿，如果家里来了小伙伴一起玩错过了午睡时间，他不一定会因为疲倦中午就发脾气，因为这时他依旧处于和伙伴在一起玩的兴奋和欢乐中。但是到了下午，他却可能因为没睡午觉和玩闹的疲倦而为一点小事发脾气，或者根本没有诱因地哭闹。

六、感到无聊

当幼儿没有感兴趣的事情可做时，也容易因为无聊而发脾气。如缺乏玩伴，或者对游戏活动不感兴趣，或者做完一项活动，没有接下来的活动安排时，幼儿就可能因为感到无聊而发脾气。

七、模仿习得

有些孩子长期处于暴力的家庭环境下，所以也会有样学样，也用暴力的形式表达内心的不满。此外，幼儿如果在幼儿园碰到了其他小朋友甚至是教师爱发脾气，那么他也会受影响。另外，一些不适宜的充满暴力的多媒体也是幼儿行为模式的模仿对象，如某些充满暴力的图书、游戏和单纯为了搞笑加入暴力、攻击元素的动画片。

知识点拨

学前儿童发脾气的指导策略

愤怒、委屈是人的正常情绪。幼儿遭遇挫折时发脾气是一种本能，而能够控制和调节自己的情绪则是需要逐步获得的能力。调控情绪不但对幼儿成长非常重要，也会对其成年后的工作和生活产生重大影响。家长、教师要在实践中引导幼儿逐步获得情绪调控的能力。

一、提高情绪认知

帮助幼儿（尤其是年龄较小的幼儿）认识自己的情绪，对其学习合理的情绪表达和逐步获得情绪调控能力有重要的意义。当幼儿的玩具损坏，教师可以告诉他："你的玩具坏了，你很伤心。"

二、及时接纳情绪

接纳孩子的情绪，及时共情、安抚和陪伴。有的教师或家长会对因为伤心和愤怒的幼儿说"别哭了""哭不是好孩子"等，甚至嘲讽、打骂，这其实是否定孩子的情绪，不利于幼儿情绪的发展。

三、善于转移注意

幼儿刚开始发脾气时，以新的事物（幼儿喜欢的玩具、绘本）或新的活动吸引幼儿的注意力，或者立即让其离开现场，这个方法对年龄较小的幼儿效果较好。

四、正确"冷处理"

当幼儿是无理取闹地发脾气，或是因为外部因素不顺心而借故生气时，可以使用忽视策略。如有的孩子稍不如意就大哭大闹甚至打滚，可以暂时不予理睬，让幼儿知道不管他发脾气有多强、多久、多少次，成人都不会妥协，他会很快减少这种行为。"冷处理"不是冷暴力，也不是惩罚措施，不能让幼儿有被遗弃的感觉，否则会得不偿失。

五、延迟满足训练

对于因不能等待而发脾气的幼儿，教师及家长要注意在日常生活中有意识地对幼儿进行延迟训练，培养幼儿等待的耐心。

六、提前做好提醒

有的幼儿发脾气是因为正在进行的游戏或活动突然中止，如户外活动玩得正高兴就下课了或者在公园和小朋友玩时家长说要回家。教师或家长可以在活动快要结束时提前给孩子一个提醒，让他们明白活动快要结束了，提前做好心理准备，防止幼儿在活动结束时产生强烈的对抗情绪。

七、引导合理宣泄

鼓励幼儿用言语表达自己的感受，学习抒发自己的情绪。当幼儿有情绪时，要引导他们说出自己的感受，而不是急于讲道理。等幼儿分享了内心感受，也许情绪就好了很多。告诉幼儿有情绪时可以哭泣、向教师或家长、想一些有趣的事情、看看天空或者做一下深呼吸。

八、做好正向强化

当幼儿在情绪控制和调节中取得进步时，要及时表扬，强化正向行为。如某一次玩具被小朋友碰掉没有像往常一样发脾气。

九、不要过于溺爱

家人不要对幼儿的要求有求必应，可以对幼儿不合理的要求温和而坚定地拒绝，同时适当地解释和安慰，但是幼儿哭闹发脾气时绝不能妥协，否则会强化幼儿通过发脾气来达到自己目的的行为模式。

十、调整教育目标

如果让 3 岁的幼儿玩适合 5 岁幼儿玩的玩具，由于认知水平和动作能力发展不足，可能会反复几次不成功，幼儿就会因强烈的挫败感而发脾气，所以教育活动要符合幼儿的年龄特点和发展水平。

十一、提高基本技能

幼儿总是做不好一件事，充满挫败感就容易发脾气，可以教他怎么做。例如，搭积木总是倒掉，可以教他怎样搭得牢固。

十二、创设良好环境

教师及家长要为幼儿做好情绪控制的榜样，以身作则，不要经常乱发脾气，为幼儿创设一个良好的环境氛围，让幼儿保持积极情绪，学习调节和控制不良情绪，做情绪的主人。

十三、警惕读物媒体

家长和教师要对幼儿的图书、游戏和动画片等有所选择，防止某些充满暴力的图书、游戏和动画片对幼儿产生不良影响。

十四、保持态度一致

幼儿发脾气时，教师和家长的态度要一致、家人的态度更要一致，尤其是祖辈的家长不能无原则妥协溺爱，否则幼儿有所依恃，破坏教育的原则，不利于幼儿情绪的发展。

任务实操4-2

1. 分组讨论案例 4-2，分析多多爱哭闹的可能原因，教师要想更好地帮助多多，还需要做哪些工作？

2. 结合案例 4-2 进行小组讨论，列表总结幼儿发脾气的原因和针对性应对措施，并填入本项目末的活页中。

任务三　掌握学前儿童入园焦虑观察与指导

情境导入

【案例 4-3】

这则案例是对一名焦虑情况较重的孩子的行为观察,冬冬,3 岁 2 个月,入园 1 周,主班教师发现她的分离焦虑情况较其他新入园的幼儿更为严重，因此对其进行了为期 2 周的行为观察，如表 4-5 所示，记录如下。

表 4-5 幼儿入园焦虑观察表

姓名：冬冬　　　性别：女　　　年龄：3岁2个月　　　观察方法：时间取样法

日期	来园	上午活动	午饭	午睡	下午活动
9月6日周一（入园第2周）	紧紧地搂着妈妈的脖子，两个小腿攀抱着妈妈。哭喊："不要！不要！"妈妈将她交给老师，大哭："妈妈，妈妈……"	不参与活动，也不看老师和小朋友；抽泣；小声重复："妈妈，妈妈……"老师和她说话就会开始大哭	不肯自己吃午饭；老师喂了她小半碗米饭、一口豆腐、一个虾仁，不肯再吃	坐在床边，不肯躺下，老师给她讲故事，不肯听。突然大哭起来："妈妈，妈妈……"没有入睡。不会穿脱鞋袜	下午不参与活动，也不看老师和小朋友；打哈欠；不断重复："妈妈，妈妈……"声音嘶哑；老师和她说话就会开始哭泣
9月9日周四（入园第2周）	来园时大哭，抓住妈妈的衣服，攀住妈妈的腿不肯下来，被妈妈强行交给老师大喊："我要妈妈……"	不参与活动，抽泣，吮手指；户外活动时一个小朋友想和她一起玩，开始大哭	不肯自己吃饭；保育员喂了她几口米饭后让她自己吃，吃了两口米饭就停止进食	坐在床上，老师劝说后躺下，老师让她闭上眼睛，开始哭泣："妈妈，妈妈来……"未入睡。不会穿脱鞋袜	精神不振，打哈欠；不参与活动；偶尔哭泣；老师给她一个小点心，犹豫了一下，接过来，慢慢吃掉了
9月13日周一（入园第3周）	来园时小声哭，妈妈将她交给老师，没有特别挣扎，只是哭喊："妈妈，妈妈别走！"妈妈离开后一直抓着老师的衣襟，一直跟随老师，十分钟后停止哭泣	不参与活动；吮手指；偶尔会看一下老师和其他小朋友活动；老师请她一起活动，眼圈发红，没有说话，也没有任何动作	要求老师给她喂饭，老师过来把勺子交给她鼓励她自己吃，吃得很慢，食物剩了一大半	躺在床上，小声说："老师来……"老师过来后让她闭上眼睛，抓着老师的手闭上眼睛，老师为其拍背，15分钟入睡；醒来后大哭。不会穿脱鞋袜	老师牵着她的手鼓励她和其他幼儿玩，开始哭泣，躲在老师身后。一直看其他小朋友游戏
9月17日周五（入园第3周）	来园时小声哭泣，妈妈将他交给老师后，没有挣扎，小声哭着说："想妈妈，想妈妈！"妈妈离开后一直跟随老师，两分钟后停止哭泣	不参与活动；吮手指；一直看着老师和其他小朋友的活动；老师请她一起活动，犹豫了一下，摇头	要求老师给她喂饭，老师鼓励她自己吃，拿起勺子吃了一口米饭、一口菜，老师摸了摸她的头说："对，你今天吃得很好。"继续吃饭，速度较慢，食物剩了一小半	躺在床上，小声说："老师来……"老师过来后让她闭上眼睛，抓着老师的手闭上眼睛，老师为其拍背，5分钟入睡；醒来后大哭。不会穿脱鞋袜	老师牵着她的手鼓励她和其他幼儿玩荡秋千，慢慢走到秋千旁边，老师扶她坐好，并让乐乐推她荡了起来，她看了一下乐乐，微笑，下了秋千，对乐乐小声说："谢谢。"自觉站到队尾继续排队等候下一轮

🔖 **任务提示**

1. 入园焦虑是新生入园时较为普遍的现象，应正确应对，让幼儿尽快适应幼儿园的生活。

2. 严重而持续的入园焦虑会影响幼儿的身心健康发展，需要细心观察，科学指导。

📝 知识点拨

关注幼儿的入园焦虑

幼儿入园焦虑，又称为幼儿分离焦虑，在新入园的幼儿中是一种很普遍的现象（图4-1）。新入园的幼儿离开熟悉的环境和亲人或看护者来到陌生环境时，会出现强烈的不安全感，表现出哭闹、不安、依恋等一系列焦虑症状。按照马斯洛需求理论，当生理需求缺失、安全感缺失、归宿感与自尊心缺失时，人就会变得焦虑不安。所以，幼儿刚入园出现分离焦虑是正常的心理现象。有的幼儿会逐渐适应，但个别幼儿需要给予较多关注才能缓解焦虑情况，否则极易出现持续焦虑、社交退缩及其他生理心理问题，严重影响幼儿身心发展。关注入园焦虑，帮助幼儿缩短入园适应期，较快地稳定情绪，使新入园的幼儿积极融入集体生活，愉快地上幼儿园是非常重要的工作。

图4-1 幼儿分离焦虑照片

幼儿入园焦虑的参考观察要点如表4-6所示。

表4-6 学前儿童情绪观察记录表

观 察 要 点	具 体 情 况	勾选或描述
是否有哭闹行为	大声哭，影响到他人	
	小声哭泣，几乎听不到	
	伴有踢腿、打滚等肢体动作	
	扯住家长或教师的衣服或抱住身体不放	
	屏气发作	
	哭闹的时间、地点	
是否有依恋行为	依恋某位老师，跟随，要老师喂饭或陪着午睡	
	依恋物品，如玩具、书包、书籍、水杯、照片等	

续表

观 察 要 点	具 体 情 况	勾选或描述
能否正常进行日常生活	不肯吃东西、也不让人喂，或者吃得极少	
	不肯午睡，躺在床上哭或不肯躺下	
	大小便自理能力出现倒退	
活动是否出现孤独与迟钝	默认	
	独自游戏	
其他行为	多次重复同一个句子（如"回家""找妈妈"等）	
	攻击、破坏	
	吮手指、咬指甲、摆弄或啃咬衣服、玩弄生殖器	
是否存在应激反应（可向家长了解）	食欲不振、腹痛、腹泻	
	睡眠不安、做噩梦、讲梦话	
	免疫力下降、易腹泻、感冒	
自理能力（可向家长了解）	独立进餐	
	午睡	
	如厕	
	穿脱衣服	
语言能力（可向家长了解）		

📖 知识点拨

案 例 分 析

对于学前儿童来说，从家庭环境进入幼儿园，是他们遇到的巨大的挑战，他们离开照护者进入幼儿园陌生的环境，有诸多的不舍和不适应。

案例 4-3 中，冬冬刚入园有着非常强烈的反应，出现了大哭大闹、语言重复、退缩、依恋、吮手指等一系列表现，入园焦虑较重，情况改善得也比较慢。教师通过冬冬家长了解到，冬冬上幼儿园之前主要是奶奶在家看护，楼层较高又没有电梯，很少出门和其他同龄小朋友玩耍，所以胆子也比较小。加之奶奶在家对她的生活照料过多，较少有锻炼自理能力的机会，造成了她的过分依赖，无法照顾自己最基本的用餐、午睡等日常生活。生活自理能力较差也会在集体生活中受挫，对幼儿园适应较慢。入园后，教师无法对每一个幼儿都全面照顾，很多时候幼儿要独自面对幼儿园的一日生活。从观察中看出，虽然冬冬的入园焦虑改善比较慢，但是经过教师的努力还是有一定改善的。

（1）来园时虽然还会哭，但是第三周没有过多挣扎，哭声也小了，持续时间也缩短了。

（2）虽然起床时看见老师不在会大哭，不会穿脱鞋袜，但是第三周成功地进入了午睡。

（3）活动时虽然还是比较被动，但是最后还是参与了荡秋千的活动，并和其他幼儿有了互动，这是一个非常大的飞跃。说明她逐渐适应了幼儿园的生活。但同时还应注意到多多从对妈妈的依恋转变为对老师的依恋，说明她部分接纳了幼儿园的生活，同时依旧存在焦虑情况。

知识点拨

幼儿入园焦虑行为指导策略

幼儿入园焦虑是对父母或其他看护人的依恋行为和陌生环境的一种本能的不安全感和恐惧情绪，加上入园后生活习惯的变化和自理能力的缺乏等因素相互作用，使幼儿产生入园初期的一系列焦虑表现。对于入园焦虑的干预措施有很多，所有的措施都应该有针对性地解决3个问题：不安全的认知、负性情绪和逃避的行为。

一、做好预防

（1）事先做好家访

在孩子正式入园前，幼儿园应对每位孩子进行家访，认真倾听家长对自己孩子生活习惯和个性的介绍，提醒家长为幼儿做一些入园准备，如准备一些替换的衣服、准备一样心爱的玩具等。家长通过与孩子做一些交流，让孩子熟悉教师，增强孩子对教师的信任。而家长通过与教师进行有效的交流，对幼儿园的工作也会更加放心，进而缓解家长的焦虑。

（2）提前熟悉环境

家长可以提前带孩子参观幼儿园，熟悉幼儿园环境，初步体验幼儿园的生活。让孩子知道幼儿园是小朋友学习本领、游戏玩耍的地方，在那里能够玩到许多新玩具、结交许多新朋友、有教师和小朋友一起玩，激起孩子想上幼儿园的愿望。

（3）培养自理能力

如果在入园前不具备生活自理能力，那么孩子适应幼儿园的新环境将有一定困难。家长要了解幼儿园的一日常规，有目标地培养孩子的生活习惯和自理能力，如自己大小便、吃饭、盥洗、穿脱衣服鞋袜等，以便让孩子尽快适应幼儿园的生活节奏和要求，减少对父母的依赖。

（4）培养社交技能

父母要有意识地培养幼儿的社交技能，降低其对家人的过分依恋，帮助孩子建立人际关系和社会关系。入园前家长要有计划地扩大幼儿的交往范围和活动空间，可以在社区、公园帮孩子寻找玩伴，多和其他幼儿接触，引导幼儿主动与他人交往。家长之间也要多联系，帮助孩子建立良好的人际关系和社会关系，初步建立交往的信任感和安全感。

二、科学指导

对已入园的幼儿通过行为观察与分析，有针对性地制定个性化指导方案进行科学指导。

（1）提高入园认知

由于幼儿认知水平有限，有的幼儿对上幼儿园缺乏认识，会有被抛弃的感觉。家长和教师要告诉幼儿，早上把幼儿送进幼儿园，晚上一定会再来接，让幼儿知道并不是永远见不到家人了。对年龄较小时间概念尚未建立的幼儿，家长和教师可以告诉他，和老师、小朋友开开心心地在幼儿园玩，吃完午饭睡午觉，午睡醒来做游戏，吃完间餐再玩一会儿妈妈就会来接了。

（2）尊重接纳情绪

如果幼儿因为想妈妈或爸爸而哭泣不要强行劝阻，甚至给幼儿灌输"哭不是好孩子""乖孩子不哭"的观念。哭虽然不能改变离开家人上幼儿园的事实，但眼泪和哭泣能宣泄想念家人的痛苦，适当的情感宣泄有助于幼儿心情的平复和情绪的调节。

（3）及时予以共情

如当幼儿哭着说想妈妈了，教师可以共情说："嗯，我知道你很伤心，你想妈妈了，老师可以陪着你。"或者"很多人都会因为妈妈不在身边伤心地哭，我小时候也这样。""你想妈妈，妈妈一定也想你，妈妈很爱你，她下班后就会赶快来接你。"这样不但很快可以安抚孩子的情绪，也有助于增进师幼之间的感情。

（4）重视严重焦虑

很多幼师都深有体会，每年新生中都会有几个特别的孩子，其入园焦虑程度较重，持续时间较长。教师应当予以重视，积极与家长沟通，研究制定最有效的方案，帮助孩子消除入园焦虑。如开辟专门活动室帮助幼儿稳定情绪；为因哭闹拒绝进食的孩子准备小点心。同时，家长和教师对幼儿要有耐心，循序渐进，不可操之过急，否则会适得其反。

（5）调整家长焦虑

入园焦虑不仅表现在幼儿身上，孩子入园前后，很多家长也会出现不同程度的焦虑。主要因为担心孩子是否能够适应全新的环境，教师能否对幼儿悉心照顾。受某些社会舆论的影响，有些家长甚至担心孩子受到教师的虐待和同伴的霸凌。因此，一些家长在送孩子来园时，神情焦虑，依依不舍地分开，甚至有些家长会在幼儿园门口徘徊、蹲守。家长焦虑的情绪很容易影响到幼儿，不利于幼儿尽快适应幼儿园。

教师可以通过线上和线下等方式主动和家长交流幼儿在幼儿园的情况，争取家长的配合，共同帮助孩子克服焦虑情绪。

（6）简化分离模式

有的家长在送幼儿入园时，和幼儿在幼儿园门外纠缠很久，家长要走幼儿就哭，幼儿一哭家长就再待一会儿，这段时间里幼儿在内心中不断地排斥幼儿园，多体验亲人将要离开的痛苦感觉，反而强化了离别的痛苦，对缓解入园焦虑是不利的。与幼儿纠缠的时间越长，幼儿的分离焦虑越重。家长在幼儿园门口分离的模式应尽量简单一些，如愉快地说再见或者"妈妈一下班就会赶快来接你。"然后果断离开。

（7）坚持正常送园

如果幼儿没有身体不适，应坚持每天送园。不要因幼儿的哭闹而间断送园，这会给幼儿带来更长久的痛苦。有的家长为了让幼儿逐渐适应幼儿园，会先让孩子半天在园，一段时间后再改为全天送园，但是因为接送时间的改变，又会给幼儿带来新的不安和痛苦。

（8）规范成人言行

如果家长和教师言行不当会加重幼儿的入园焦虑。有的家长在幼儿调皮时会说："不听话就送你去幼儿园。"或者是"再哭，就不来接你了。"（个别教师也会说类似"再哭妈妈就不来接你了"）前者会让幼儿认为上幼儿园是不好的事情，是一种惩罚，加重对幼儿园的排斥和厌恶；后者会增强幼儿被抛弃的感觉，强化不安全感和恐惧，家长和教师应避免类似的言行。

（9）开展亲子活动

幼儿园可以组织家长与幼儿参加的各种室内外亲子活动，有效地缓和幼儿对陌生环境的紧张情绪，特别是家长的陪伴，使幼儿可以体验到集体生活的乐趣，有助于幼儿消除不安全感，尽快适应幼儿园的环境。

需要注意的是，许多应对幼儿入园焦虑的指导措施是需要幼儿园和家长在幼儿入园之前提前做好准备的，因此，家长要注意科学育儿知识的学习，幼儿园则要提前对家长进行相关知识的宣教（很多幼儿园都会提前半年到一年甚至更长时间进行预报名，在家长报名时对家长进行宣教，如发放传单、小册子、开展讲座）。幼儿园与家长密切配合，为幼儿入园打好基础，做好准备，以预防为主来应对幼儿的入园焦虑会起到事半功倍的作用。

任务实操4-3

1. 阅读案例4-3，请尝试针对冬冬的入园焦虑制定一个指导方案，并填入本项目末的活页中。

2. 冬冬还有一个1岁9个月的妹妹，请尝试为其制定入园焦虑预防指导方案，并填入本项目末的活页中。

任务四　掌握学前儿童动作发展观察与指导

情境导入

【案例4-4】

安安，男，4岁7个月。妈妈早上送他的时候问杨老师安安最近在幼儿园是不是发生过什么不愉快的事情，因为接连几天早上他都哭闹着说不想上幼儿园。安安已经入园1年多，早就适应了幼儿园的生活，此前没有发生过哭闹情况。妈妈问他是不是在幼儿园和小朋友闹矛盾或者受老师批评了，他只是摇摇头，什么也不肯说。杨老师也注意到最近几天安安在园情绪有些低落，也询问过安安，他只是摇摇头没有说话。为此，杨老师在接下来的活动中加强了对安安的观察。

上午手工课：这是安安平时最喜欢的课。老师教小朋友折小兔子，开始的时候，安安跟着老师的讲解，一步一步折得很快。老师边折边问小朋友喜不喜欢小兔子？

为什么？安安大声说："我喜欢小兔子，因为它很可爱！"其他小朋友也纷纷发言，有说小兔子好玩的，有说小兔子耳朵长得萌萌的，有的说喜欢小兔子蹦蹦跳跳。这时，一个小朋友说问老师："小兔子是不是跳绳也很棒？"老师笑着说："那是一定的呀！"安安突然放下手中的折纸，两眼目视前方，眼圈发红，但是没有哭，这节课剩下来的时间他都没有再跟着老师折纸，而是玩弄着自己的手。

午餐：安安吃得很快，很快吃了一碗米饭和老师分配的菜，又举手跟老师要牛肉，老师给他盛了一块，他对老师说："老师能再给我一块吗？"老师说："安安，你能吃掉这么多吗？我先给你一块吧""老师，我能都吃掉！"老师给他盛了两块。他大口吃起来，但是速度越来越慢，最后还是都吃掉了。

午睡：躺在床上，翻来覆去，15分钟还没有睡着，杨老师走过去小声问他："安安，怎么了？""老师，我有些肚子疼。"老师带他去医务室看后，保健医认为没有大碍，应该是中午吃得过多。

下午绘本阅读，这是安安最擅长的课，以往安安在绘本课上最活跃，可是他却没有认真看绘本，也没有听老师讲，一会儿趴在桌子上，一会儿坐起来发呆。

下午户外活动：最近大班的户外活动一直是跳绳，这也是幼儿园的特色。老师给小朋友一人一根绳，让大家分开站好，开始跳绳，并对小朋友说："我们今天看看谁跳得最多最好，谁就是跳绳小明星！"其他小朋友都跳了起来，安安拿着绳犹豫了好一会儿，才跳了一下，但是没有跳过去，他站了好一会儿，又跳了一下，还是没有跳过去，就把绳扔在地上。老师走过去问他为什么不跳了，他说有点肚子疼。老师说："那你坐到这边来休息一下吧。"

此后几天，老师发现安安午餐一般会勉强吃很多东西，每次跳绳都会说不舒服而停止活动。在有一天午睡之前，老师带他散步，安安突然问老师，"老师，如果一个人永远都不会跳绳，会怎么样呢？"老师好像明白了安安最近一系列的表现。

📖 任务提示

1. 跳绳对促进学前儿童的动作发展有什么益处？
2. 对暂时动作发展落后的幼儿应当如何指导？

📖 知识点拨

学前儿童动作发展的观察要点

一、基本动作能力观察

（1）3~4岁幼儿

①是否能沿地面直线或在较窄的低矮物体上走一段距离。

②是否能双脚灵活交替上下楼梯。

③是否能身体平稳地双脚连续向前跳。

④分散跑时是否能躲避他人的碰撞。

⑤是否能双手向上抛球。

（2）4~5岁幼儿

①是否能在较窄的低矮物体上平稳地走一段距离。

②是否能以匍匐、膝盖悬空等多种方式钻爬。

③是否能助跑跨跳过一定距离，或助跑跨跳过一定高度的物体。

④是否能与他人玩追逐、躲闪跑的游戏。

⑤是否能连续自抛自接球。

（3）5~6岁幼儿

①是否能在斜坡、荡桥和有一定间隔的物体上较平稳地行走。

②是否能以手脚并用的方式安全地爬攀登架、网等。

③是否能连续跳绳。

④是否能躲避他人滚过来的球或扔过来的沙包。

⑤是否能连续拍球。

二、力量和耐力观察

（1）3~4岁幼儿

①是否能双手抓杠悬空吊起10秒左右。

②是否能单手将沙包向前投掷2米左右。

③是否能单脚连续向前跳2米左右。

④是否能快跑15米左右。

⑤是否能行走1公里左右（途中可适当停歇）。

（2）4~5岁幼儿

①是否能双手抓杠悬空吊起15秒左右。

②是否能单手将沙包向前投掷4米左右。

③是否能单脚连续向前跳5米左右。

④是否能快跑20米左右。

⑤是否能连续行走1.5公里左右（途中可适当停歇）。

（3）5~6岁幼儿

①是否能双手抓杠悬空吊起20秒左右。

②是否能单手将沙包向前投掷5米左右。

③是否能单脚连续向前跳8米左右。

④是否能快跑25米左右。

⑤是否能连续行走1.5公里以上（途中可适当停歇）。

三、精细动作观察

（1）3~4岁幼儿

①是否能用笔涂涂画画。

②是否能熟练地用勺子吃饭。

③是否能用剪刀沿直线剪，边线基本吻合。

（2）4~5岁幼儿

①是否能沿边线较直地画出简单图形，或能边线基本对齐地折纸。

②是否会用筷子吃饭。

③是否能沿轮廓线剪出由直线构成的简单图形，边线吻合。

（3）5~6岁幼儿

①是否能根据需要画出图形，线条基本平滑。

②是否能熟练使用筷子。

③是否能沿轮廓线剪出由曲线构成的简单图形，边线吻合且平滑。

④是否能使用简单的劳动工具或用具。

四、参与态度观察

（1）是否乐于参与活动（图4-2）。

（2）活动中遇到困难是否可以坚持。

（3）多人参与的活动是否能遵守规则、团结协作。

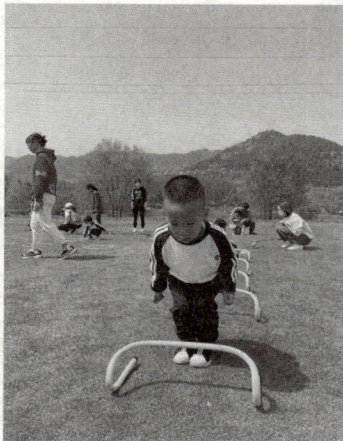

图4-2　幼儿运动照片

知识点拨

学前儿童动作发展的指导策略

《纲要》指出培养幼儿对体育活动的兴趣是幼儿园体育的重要目标，要根据幼儿的特点组织生动有趣、形式多样的体育活动，吸引幼儿主动参与。用幼儿感兴趣的方式发展基本动作，提高动作的协调性、灵活性。

一、利用游戏，增加趣味

将走、跑、跳、爬、抛掷、操作等基本动作渗透到花样繁多的游戏中，提高幼儿参与活动的兴趣，在游戏中反复练习，使幼儿的动作由笨拙到熟练。例如，有的幼儿的感觉统合能力较差，可以选择爬行动作较多的游戏；有的幼儿精细动作发展较差，可以多安排一些如剪纸、翻绳、串珠类的游戏。

二、整合动作，协同发展

幼儿的大动作与精细动作发展不是完全割裂开的，而是相互影响、相互促进的，可以利用趣味游戏将大动作与精细动作整合到同一游戏中，起到共同发展的作用。

三、尊重差异，提高自信

对于拍球、跳绳等技能性运动，主要目的在于培养幼儿对运动的兴趣和运动习惯，不要过于要求数量，更不能盲目地机械训练。对于个别暂时发展滞后的幼儿要耐心指导，设法提高他们对活动的兴趣，多进行纵向比较，善于发现其微小的进步，及时予以肯定和强化，增强幼儿对运动的自信心。

四、继承传统，弘扬文化

很多优秀的民间游戏，如丢沙包、跳房子、踢毽子、翻绳、剪纸等对幼儿的动作发展非常有帮助，教师要善于继承和发扬传统的民间游戏，让幼儿感受民族传统文化的同时得到更好的发展。

五、培养品格，增强耐力

教师应有意识地在动作发展活动中培育学前儿童坚强、勇敢、不怕困难的品质和团队合作精神、竞争意识和规则意识。开展丰富多样、适合幼儿年龄特点的各种身体活动，如走、跑、跳、攀、爬等增强耐力，鼓励幼儿坚持下来，不怕累。日常生活中鼓励幼儿多走路、少坐车；自己上下楼梯、自己背包。

六、循序渐进，家园共育

学前儿童动作发展是长期的、复杂的过程，不能操之过急，要注意利用最近发展区理论，循序渐进进行指导。同时，要坚持家园共育原则，充分发挥家庭教育对幼儿动作发展的积极作用，形成合力。

七、激发兴趣，养成习惯

为学前儿童准备多种体育活动材料，鼓励他们选择自己喜欢的材料开展活动。经常和幼儿一起在户外运动和游戏，鼓励幼儿和同伴一起开展体育活动。和幼儿一起观看体育比赛或有关体育赛事的电视节目，培养其对体育活动的兴趣。

扫码学习 4.2 健康教育集体活动的设计微课

任务实操4-4

1. 阅读案例4-4，试分析安安不想上幼儿园等行为的原因。
2. 请根据安安的情况，尝试为安安制定一个指导方案，并填入本项目末的活页中。

任务五　掌握学前儿童生活与卫生习惯及自理能力观察与指导

情境导入

【案例 4-5】

　　以下是某幼儿园教师对一名叫豆豆的小班幼儿的生活与卫生习惯及自理能力的观察记录，如表 4-7 和图 4-3 所示。

表 4-7　学前儿童生活与卫生习惯及自理能力观察记录表

幼儿姓名：豆豆　性别：男　年龄：3 岁 7 个月　记录时间：2022 年 10 月 12 日　记录人：林老师

观　察　项　目		评价标准	幼儿表现	备注
睡眠习惯	睡觉	在提醒下，按时睡觉	较好	询问家长
	起床	在提醒下，按时起床	不规律，起床后有时会发脾气	询问家长
	午睡	在提醒下，坚持午睡	未午睡	
运动习惯	运动	喜欢参加幼儿园的体育活动	较好	询问家长
饮食习惯	不良饮食习惯	不偏食、不挑食、不暴饮暴食	偏爱肉食	
	良好饮食习惯	喜欢吃瓜果、蔬菜等新鲜食品	不吃青菜	
	良好饮水习惯	愿意饮用白开水	较差	询问家长
	不良饮水习惯	不贪喝饮料	每天至少 1 罐可乐	询问家长
用眼习惯	眼部卫生	不用脏手揉眼睛	较好	
	不良用眼习惯	连续看电视等不超过 15 分钟	每天玩平板电脑超过 1 小时	询问家长
卫生习惯	口腔卫生	在提醒下，每天早晚刷牙	较好	询问家长
	饮食卫生	在提醒下，饭前便后洗手	暂不能完成（在家由奶奶帮助洗手）	询问家长
生活自理能力	穿脱衣服	在帮助下能穿脱衣服	暂不能完成	
	穿脱鞋袜	在帮助下能穿脱鞋袜	暂不能完成	
	物品归位	能将玩具和图书放回原处	暂不能完成	

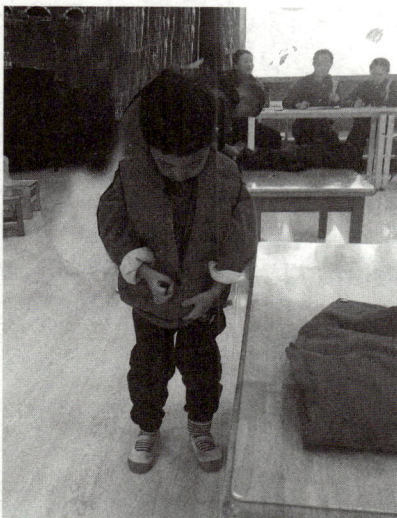

图 4-3 幼儿穿衣服 / 叠衣服照片

任务提示

1. 阅读案例后，简要谈谈豆豆在生活与卫生习惯上有哪些问题。
2. 要找到豆豆生活与卫生习惯问题产生的原因，还需要做些什么工作？

知识点拨

影响学前儿童生活与卫生习惯及自理能力的因素

一、家长包办代替

家庭成员对幼儿过分溺爱，包揽幼儿生活的方方面面，长此以往会养成幼儿事事依赖成人的习惯。

二、指导方法不当

幼儿因为年龄小，在认知和动作发展上还不完善，学习自理时常常不懂程序和方法，碰到实际困难，如果家长指导方法不得当，会导致幼儿不能成功获得自理的方法和技能。

三、缺少反复练习

幼儿刚刚学会某项技能，如穿脱鞋袜时会很高兴，经常会得到鼓励和表扬，但是学会后，孩子便常常失去兴趣，不愿意再坚持，如果这时父母迁就，就会养成依赖心理。或者有的时候家长嫌孩子吃饭太慢或者弄脏衣服而喂饭，也会使幼儿失去练习机会。

四、家长认知不足

以上问题产生的原因归根结底还是家长没有形成正确的育儿观和缺乏家庭教育的基本方法。解决这一问题需要幼儿园对家庭教育的科学指导。

知识点拨

学前儿童生活与卫生习惯及自理能力的指导策略

幼儿时期是培养良好的生活与卫生习惯的关键期。培育幼儿良好的生活与卫生习惯及自理能力需要注意以下几点。

（1）让幼儿保持有规律的生活，养成良好的作息习惯。例如，早睡早起、每天午睡、按时进餐、吃好早餐等。

（2）帮助幼儿养成良好的饮食习惯。例如，合理安排餐点，帮助幼儿养成定点、定时、定量进餐的习惯。帮助幼儿了解食物的营养价值，引导他们不偏食不挑食、少吃或不吃不利于健康的食品；多喝白开水，少喝饮料。吃饭时不过分催促，提醒幼儿细嚼慢咽，不要边吃边玩。

（3）帮助幼儿养成良好的个人卫生习惯。例如，早晚刷牙、饭后漱口。勤为幼儿洗澡、换衣服、剪指甲。提醒幼儿保护五官，如不乱挖耳朵、鼻孔，看电视时保持3米左右的距离等。

（4）指导幼儿学习和掌握生活自理的基本方法。如穿脱衣服和鞋袜、洗手洗脸、擦鼻涕、擦屁股的正确方法。

（5）鼓励幼儿做力所能及的事情。对幼儿的尝试和努力给予肯定，不因做不好或做得慢而包办代替。

（6）创设有利于锻炼幼儿生活自理的环境和条件。例如，提供一些纸箱、盒子供幼儿收拾和存放自己的玩具、图书或生活用品等。幼儿的衣服、鞋子等要简单实用，便于自己穿脱。

（7）利用绘本、故事等提高幼儿对生活与卫生习惯及自理能力的认知。例如，通过绘本让幼儿知道饭前便后洗手的重要性和偏食挑食的危害。

（8）做好家园合作，做好家庭教育指导。避免家长溺爱纵容和包办代替，争取家长的配合，培养良好习惯，矫正不良习惯，持之以恒培养自理能力。

任务实操4-5

1. 阅读案例4-5后，简要谈谈豆豆在生活与卫生习惯及自理能力方面有哪些问题？

2. 要找到豆豆生活与卫生习惯及自理能力问题产生的原因，还需要做些什么工作？

3. 请针对豆豆的情况为其制定一个生活与卫生习惯及自理能力指导方案，并填入本项目末的活页中。

任务六 掌握学前儿童自我保护能力观察与指导

情境导入

【案例 4-6】

为检验大班 26 名幼儿的安全防范意识，某幼儿园进行了访谈调查，多数幼儿都能做出正确选择。随后，幼儿园设计了真人模拟检测环节：选择幼儿园附近的公园作为户外活动场所，请小朋友没有见过的志愿者，将幼儿随机分为 3 组：第一组采取拿食物、玩具、手机游戏等引诱；第二组声称是家长的熟人代接；第三组声称需要帮助等手段试图将幼儿带离户外活动场所。

经观察，第一组中 9 名大班幼儿能抵御住食物和玩具的诱惑，不会跟陌生人离开，只有 1 名幼儿被手机游戏吸引被志愿者带离。第二组幼儿在志愿者说出幼儿姓名、班级、家人名字、职业及家庭住址等信息，并声称是幼儿的爸爸或者妈妈委托来接后，9 名幼儿有 5 名直接跟随志愿者离开；有 4 名幼儿要去告诉教师，当志愿者告诉幼儿已经告知教师或者声称是教师让志愿者来找幼儿的，4 名幼儿最终跟随志愿者离开。第三组当志愿者为老人并声称身体不适想要幼儿带路买矿泉水时，该组8 名幼儿有 6 名带领老人去附近买水，离开教师视线；两名幼儿表示不知道在哪里买水，建议志愿者求助教师。

任务提示

1. 为什么要重视学前儿童自我保护能力？
2. 为什么要在访谈调查后进行真人模拟检测？

知识点拨

案例分析

在案例 4-6 的访谈调查中，多数大班幼儿都能做出正确选择，说明大班幼儿初步掌握了一定的安全知识，具备了初步的自我保护意识。而在真人模拟检测环节，多数幼儿却没有通过测试，说明受测幼儿对生活中实际存在的危险缺乏识别能力，自我保护能力还较弱。这与幼儿的认知水平、生活经验有关。学前儿童的安全意识和自我保护能力不是通过一两次指导一蹴而就的。维果茨基认为，儿童高级心理机能的发展是不断内化的结果。所谓内化是指外部的实际动作向内部智力动作的转化。一切高级的心理机能最初都是在人与人的交往中，以外部动作的形式表现出来的，然后经过多次重复、多次变化，才内化为内部的智力动作。因此，可以把内化概括为儿童在与成人交往的过程中，将外部的人类经验不断转化为自我头脑中内部活动的过程，内化过程不仅通过教学来实现，而且能通过日常的生活、游戏来实现（图 4-4）。

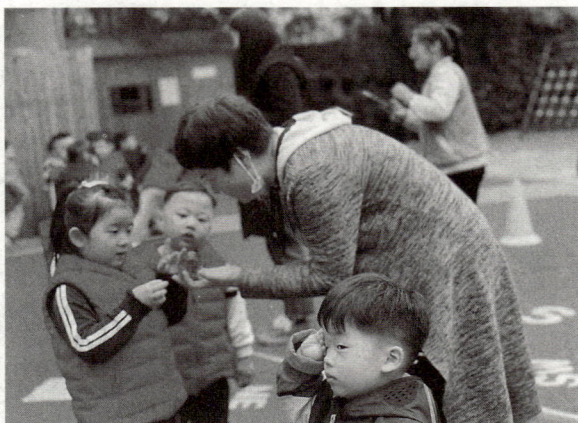

图 4-4　防拐骗演练照片

　　本案例中虽然大多数幼儿没有通过测试，但并不说明对这些幼儿的安全教育工作毫无成效，因为前期的安全教育活动提供了外部实际动作，为内化提供了基础，需要经过现实教学、生活和游戏多次重复、多次变化，才能内化为内部的智力动作，即内化为识别危险、防止被拐的能力。

📖 知识点拨

学前儿童自我保护能力观察的观察要点

一、3~4岁幼儿

（1）不吃陌生人给的东西，不跟陌生人走。

（2）在提醒下能注意安全，不做危险的事。

（3）在公共场所走失时，能向警察或有关人员说出自己和家长的名字、电话号码等简单信息。

二、4~5岁幼儿

（1）知道在公共场合不远离成人的视线单独活动。

（2）认识常见的安全标志，能遵守安全规则。

（3）运动时能主动躲避危险。

（4）知道简单的求助方式。

三、5~6岁幼儿

（1）未经大人允许不给陌生人开门。

（2）能自觉遵守基本的安全规则和交通规则。

（3）运动时能注意安全，不给他人造成危险。

（4）知道一些基本的防灾知识。

知识点拨

提高学前儿童安全知识和自我保护能力对策

学前儿童由于其年龄特点，认知水平较低，缺乏经验，动作灵敏性和协调性差，好奇心强，自制力差，对于新鲜的事物都忍不住要去尝试一下，往往不能预见自己行为的后果，容易发生危险和意外；同时，他们对于突发事件不能做出判断，处于危险时缺乏自我保护能力。因此，培养幼儿的自我保护能力是一项非常重要的任务。通过观察发现学前儿童自我保护能力的薄弱环节，在保教活动中有针对性地加以指导。

一、创设安全的生活环境，提供必要的保护措施

（1）把热水瓶、药品、火柴、刀具等物品放到幼儿够不到的地方。
（2）阳台或窗台要有安全保护措施；要使用安全的电源插座等。
（3）在公共场所要注意照看好幼儿。
（4）幼儿乘车、乘电梯时要有成人陪伴。
（5）不把幼儿单独留在家里或汽车里等。

二、结合生活实际对幼儿进行安全教育

（1）外出时，提醒幼儿要紧跟成人，不远离成人的视线，不跟陌生人走，不吃陌生人给的东西。
（2）不在河边和马路边玩耍；要遵守交通规则等。
（3）帮助幼儿了解周围环境中不安全的事物，不做危险的事。例如，不动热水壶，不玩火柴或打火机，不摸电源插座，不攀爬窗户或阳台等。
（4）帮助幼儿认识常见的安全标识，如小心触电、小心有毒、禁止下河游泳、紧急出口等标识。
（5）告诉幼儿不允许别人触摸自己的隐私部位。

三、教给幼儿简单的自救和求救的方法

（1）记住自己家庭的住址、电话号码、父母的姓名和单位，一旦走失时知道向成人求助，并能提供必要信息。
（2）遇到火灾或其他紧急情况时，知道要拨打110、120、119等求救电话。

四、充分利用绘本和游戏

根据幼儿的心理特点，可利用绘本、音像等材料对幼儿进行逃生和求救方面的教育，并运用游戏方式创设情境，进行模拟练习。练习时教师要注意观察幼儿对安全知识是否完全理解，是否真正掌握了防护技能，找出薄弱环节，有针对性地进行指导。

五、定期进行灾害的逃生演习

幼儿园应定期进行地震、火灾、防踩踏等灾害的逃生演习。在演习前，教师要

根据幼儿的年龄、认知水平和动作发展对其进行示范性指导，演习中，教师要注意幼儿是否达成了演习目标，及时纠正不规范的行为。

六、保持安全教育的经常性

学前儿童的安全意识和自我保护能力不是通过一两次指导一蹴而就的，而是需要长期坚持和反复训练而习得。因此，要保持安全教育的经常性，抓住一切教育机会进行渗透和指导。

任务实操4-6

1. 请为该活动设计一个观察记录表，并填入本项目末的活页中。
2. 试针对该批受试幼儿，制定防拐骗指导方案，并填入本项目末的活页中。

课后提升

巩固提升

一、判断题（请在你认为正确的题目前打"√"，错误的打"×"）

1. 当幼儿因要求没有得到满足而大哭时，可以耐心地对他说："别哭了，哭不是好孩子。"（　　）

2. 为保障幼儿独自乘车、乘电梯时的安全，应当教会幼儿乘车、乘电梯时的基本安全常识。（　　）

3. 家长对幼儿过分溺爱，不利于培养幼儿良好的生活自理习惯。（　　）

4. 民间游戏如跳房子、踢毽子、翻绳、剪纸等安全性差，对幼儿的动作发展不利。（　　）

扫码学习 4.3 健康领域传统小游戏微课

5. 对幼儿的安全教育要经常反复进行。（　　）

二、请制作本项目思维导图

可在单独页面制作思维导图

拓展资源

1. 中华传统健康领域小游戏
2. 经典推介
纪录片《棒少年》
电影《失孤》
（以下四页可拆下用于完成任务）

✦ 任务实操活页

任务实操4-1

请认真研读《3~6岁儿童学习与发展指南》关于健康领域学习与发展的要求，为中班幼儿设计一份幼儿健康领域学习与发展行为观察清单。

中班健康领域学习与发展行为观察清单

任务实操4-2

1. 分组讨论案例 4-2，分析多多爱哭闹的可能原因，老师要想更好地帮助多多，还需要做哪些工作？

_____

_____

_____

_____

_____

_____

_____

_____

_____

_____

2. 结合案例 4-2 进行小组讨论，列表总结幼儿发脾气的原因和针对性应对措施。

幼儿发脾气的原因和针对性应对措施

原　　因	应　对　措　施

任务实操4-3

1. 阅读案例 4-3，请尝试针对冬冬的入园焦虑制定一个指导方案。

2. 冬冬还有一个 1 岁 9 个月的妹妹，请尝试为其制定入园焦虑预防指导方案。

任务实操4-4

1. 阅读案例 4-4，试分析安安不想上幼儿园等行为的原因。

2. 请根据安安的情况，尝试为安安制定一个指导方案。

任务实操4-5

1. 阅读案例后，简要谈谈豆豆在生活与卫生习惯及自理能力方面有哪些问题？

2. 要找到豆豆生活与卫生习惯及自理能力问题产生的原因，还需要做些什么工作？

3. 请针对豆豆的情况为其制定一个生活与卫生习惯及自理能力指导方案。

任务实操4-6

1. 请为该活动设计一个观察记录表。

2. 试针对该批受试幼儿制定防拐骗指导方案。

✦ 任务实操考核评价

班级_____ 组别_____ 姓名_____ 学号_____ 日期_____ 评价项目_____

评价阶段	评价内容	分值	佐证材料	学生自评	小组互评	教师评价	平台数据
课前自学	"扫码学习"完成度	10	平台数据				
	自学自测	10	是否完成测试题				
课中实训	任务实操 4-1 完成情况	10	实操作业				
	任务实操 4-2 完成情况	10	实操作业				
	任务实操 4-3 完成情况	10	实操作业				
	任务实操 4-4 完成情况	10	实操作业				
	任务实操 4-5 完成情况	10	实操作业				
	任务实操 4-6 完成情况	10	实操作业				
	问题意识、研究意识、科学态度和伦理道德意识	5	是否善于通过观察发现问题，具有严谨的治学态度，遵守伦理道德				
	培养身心健康接班人的责任感和使命感	5	是否关爱幼儿身心健康并耐心观察和指导幼儿，使其健康成长				
课后提升	课后练习完成度	5	平台数据				
	拓展资源完成度	5	平台数据				
项目得分			教师签名				

评价说明：项目评价分值仅供参考，教师可以根据实际情况进行调整。在本项目完成之后，由任课教师主导，采用过程性评价与结果评价相结合，综合运用自我评价、小组评价和教师评价三种方式，由教师确定三种评价方式分别占总成绩的权重，计算出学生在本项目的考核评价得分（平台数据完成的打"√"，未完成的打"×"）。

项目五
学前儿童语言领域行为观察与指导

项目概述

本项目主要学习学前儿童语言领域行为观察与指导，通过案例学习学前儿童倾听与表达能力、文明的语言习惯、阅读能力的观察、分析与指导。

学习目标

素质目标：

1. 培养学生掌握扎实学识的意识和决心；
2. 强化学前教育工作者为国家、社会和家庭培养高素质下一代的责任感和使命感。

知识目标：

1. 了解学前儿童语言领域行为观察与指导内容；
2. 掌握学前儿童倾听与表达能力、文明的语言习惯、阅读能力的观察要点；
3. 掌握学前儿童语言领域行为的分析方法；
4. 掌握学前儿童语言领域行为的指导方法。

能力目标：

1. 能够根据学前儿童语言领域的观察目的做好观察准备、制订观察计划；
2. 能够科学规范地对学前儿童语言领域行为进行观察和记录；
3. 能够对学前儿童语言领域行为观察的结果进行分析，制定指导方案，促进学前儿童语言领域的学习与发展。

案例导入

【案例 5-1】

小雪，女，3 岁 1 个月，入园 3 周。林老师发现她会背诵很多古诗和儿歌，但是在实际生活中，经常听不完教师的要求就开始行动，自己有事情想跟教师和小朋友交流的时候也会比较着急，有轻微的口吃，如果别人不能及时理解和回应，她就会急得大哭。因此，她出现了一定程度的入园焦虑，和其他幼儿相处得也不愉快。小雪在语言发展方面存在什么问题？林老师应该怎样帮助她呢？

课前自学

知识点拨

学前儿童语言领域学习与发展概述

　　语言是交流和思维的工具。幼儿期是语言发展，特别是口语发展的重要时期。幼儿语言的发展贯穿于各个领域，也对其他领域的学习与发展有着重要影响：幼儿在运用语言进行交流的同时，也在发展着人际交往能力、理解他人和判断交往情境的能力、组织自己思想的能力。通过语言获取信息，幼儿的学习逐步超越个体的直接感知。

　　幼儿的语言能力是在交流和运用的过程中发展起来的。应为幼儿创设自由、宽松的语言交往环境，鼓励和支持幼儿与成人、同伴交流，让幼儿想说、敢说、喜欢说并能得到积极回应。为幼儿提供丰富、适宜的低幼读物，经常和幼儿一起看图书、讲故事，丰富其语言表达能力，培养阅读兴趣和良好的阅读习惯，进一步拓展学习经验。

　　幼儿的语言学习需要相应的社会经验支持，应通过多种活动扩展幼儿的生活经验，丰富语言的内容，增强理解和表达能力。应在生活情境和阅读活动中引导幼儿自然而然地产生对文字的兴趣，用机械记忆和强化训练的方式让幼儿过早识字不符合其学习特点和接受能力。

知识点拨

学前儿童语言领域行为观察与指导的重要性

　　语言是人类特有的能力，也是思维必不可少的工具，还是认知能力之一。同时，语言既是社会交往的工具，也是儿童社会化的重要标志。

一、幼儿期是儿童语言发展的关键期

　　幼儿从出生到基本掌握语言，通常需要3~4年的时间。根据语言系统的发展和语言运用能力的发展相结合的标准，3岁前婴幼儿语言的发展可以划分为既有质的差异又相互关联且时有交叉的3个阶段：0~1岁是婴儿言语发生的准备阶段，又称为前言语阶段；1~2岁的幼儿开始进入正式的学说话阶段，当幼儿讲出第一批有真正意义的、具有概括性的词时，标志着幼儿开始发生言语，又称为言语发生阶段；2~3岁是幼儿基本掌握口语阶段，这一阶段将持续到入学前期（3~6岁）。抓住关键期学习语言效果最佳，而且获得的语言习惯更容易长期保持下去。

二、语言发展对其他领域的学习与发展有着重要影响

幼儿语言的发展贯穿于各个领域，也对其他领域的学习与发展有着重要影响：幼儿在运用语言进行交流的同时，也在发展着人际交往能力、理解他人和判断交往情境的能力、组织自己思想的能力。

三、通过行为观察与指导可以对幼儿的语言能力进行科学有序的练习与开发

幼儿语言能力的发展是遵循一定基本规律的，对幼儿各个年龄阶段的语言能力进行专业化的观察与评估，有助于对婴幼儿个体特征及其语言水平进行更加深入、细致的了解，是对幼儿语言能力进行科学有序地练习和开发的基础。

四、通过行为观察可以筛查、干预幼儿语言发展迟缓的高危群体

发育迟缓儿童是指 6 岁以前的儿童因为各种原因（脑神经或肌肉神经生理疾病、心理社会环境因素等）导致认知发展、生理发展、语言及沟通发展、心理社会发展或生活自理技能等方面明显落后或异于同年龄儿童。语言发育迟缓是众多发育迟缓诊断类型中较为常见的一种，若能通过筛查对语言能力较弱的婴幼儿及时开展早期治疗与干预，便可以有效降低发育迟缓的可能性，并促使婴幼儿的语言能力回归正常水平。大多数关于婴幼儿早期语言干预的研究都指出，越早发现婴幼儿的异常表现并加以及时的干预，其干预效果越好，回归正常儿童能力水平的可能性也就越大。

五、通过行为观察和有针对性的指导可以发现和解决幼儿语言发展中的问题

语言能力的发展是一个多元化的概念，包括语音能力、语言理解能力、表达沟通能力（图 5-1）、语用能力等诸多方面，任何一个维度的短板都会造成婴幼儿语言能力的欠缺。不同的幼儿语言能力的发展水平往往是不平衡的。教师和家长应关注幼儿语言发展的平衡性，对语言能力的不同维度进行有效的评估，及早发现幼儿语言能力的弱势部分并展开有针对性的科学干预。

图 5-1　幼儿演讲照片

知识点拨

学前儿童语言领域学习与发展观察的主要内容

3~6岁学前儿童语言领域学习与发展目标主要分为倾听与表达、阅读与书写准备两大方面。每个方面又分为几个具体的目标，语言领域行为观察就是以观察儿童是否达成这些目标为主要内容。

一、倾听与表达

（1）是否可以认真听并能听懂常用语言。

（2）是否愿意讲话并能清楚地表达。

（3）具有文明的语言习惯。

二、阅读与书写准备

（1）是否喜欢听故事，看图书。

（2）是否具有初步的阅读理解能力。

（3）是否具有书面表达的愿望和初步技能。

自学自测

一、选择题

1. 下列不属于学前儿童倾听与表达行为的是（　　）。
   A. 认真听并能听懂常用语言　　　B. 愿意讲话并能清楚地表达
   C. 具有文明的语言习惯　　　　　D. 写拼音
2. 下列不属于学前儿童语言领域的学习与发展目标的是（　　）。
   A. 倾听与表达能力　　　　　　　B. 生活自理能力
   C. 文明的语言习惯　　　　　　　D. 早期阅读能力
3. 通过学前儿童语言领域行为观察可以（　　）。
   A. 促进语言超常发展　　　　　　B. 筛查、干预幼儿语言发展迟缓的高危群体
   C. 促进其他领域超常发展　　　　D. 治愈语言障碍

二、判断题（请在你认为正确的题目前打"√"，错误的打"×"）

1. 通过行为观察与指导可以对幼儿的语言能力进行科学有序的练习与开发。（　　）
2. 通过行为观察可以筛查、干预幼儿语言发展迟缓的高危群体。（　　）
3. 超前学习有利于学前儿童语言领域的学习与发展。（　　）

课中实训

实训目标

1. 能够了解学前儿童语言领域行为观察的内容。
2. 能够掌握学前儿童倾听与表达的观察与指导。
3. 能够掌握学前儿童文明的语言习惯观察与指导。
4. 能够掌握学前儿童阅读能力的观察与指导。
5. 能够增强学前教育工作者弘扬传统文化、践行文明礼仪的责任感。

实训内容

任务一　掌握学前儿童倾听与表达观察与指导
任务二　掌握学前儿童文明语言习惯的观察与指导
任务三　掌握学前儿童阅读与书写准备观察与指导

实训条件

实训条件如表 5-1 所示。

表 5-1　项目五实训条件

名　称	实　训　条　件	要　　求
实训环境	理实一体化教室	校园网无线 Wi-Fi，可在线观看线上资源
物品准备	1. 签字笔； 2. 记录本（活页）； 3. 问卷量表； 4. 手机或平板电脑等录音录像设备； 5. 学前儿童语言领域活动材料（绘本、器材、玩具、教具等）； 6. 学前儿童语言领域活动影像资料	活动材料充足，满足学前儿童语言领域学习和发展需求
知识准备	1. 具备学前儿童语言领域学习和发展的相关理论知识； 2. 初步具备学前儿童语言领域行为观察指导的基本知识	理解记忆相关知识点

实训步骤

1. 设计一个幼儿倾听与表达行为观察记录表。

2. 针对幼儿的情况制定倾听与表达行为指导方案。

3. 分析幼儿说粗话的原因。

4. 小组讨论培养学前儿童文明的语言习惯指导策略。

5. 分析案例中幼儿的一系列行为。

6. 模拟指导幼儿及家长。

任务一　掌握学前儿童倾听与表达观察与指导

情境导入

在前面的先导案例中，林老师观察到小雪在语言发展方面的一些不平衡现象，为帮助小雪找到语言发展过程中存在的问题，促进小雪的语言发展，林老师还应该做哪些工作呢？

任务提示

1. 小雪语言的哪个方面存在问题？

2. 背诵古诗对幼儿语言发展好不好？

知识点拨

学前儿童倾听与表达观察要点

一、认真听并能听懂常用语言

（1）3~4 岁幼儿

① 别人对自己说话时是否能注意听并做出回应。

② 是否能听懂日常会话。

（2）4~5 岁幼儿

① 在群体中是否有意识地听与自己有关的信息。

② 是否能结合情境感受到不同语气、语调所表达的不同意思。

③ 方言地区和少数民族幼儿是否能基本听懂普通话。

（3）5~6 岁幼儿

① 在集体中是否能注意听教师或其他人讲话。

② 听不懂或有疑问时是否能主动提问。

③ 是否能结合情境理解一些表示因果、假设等相对复杂的句子。

二、愿意讲话并能清楚地表达

（1）3~4 岁幼儿

① 是否愿意在熟悉的人面前说话，是否能大方地与人打招呼。

②是否基本会说本民族或本地区的语言。

③是否愿意表达自己的需要和想法，必要时能配以手势动作。

④是否能口齿清楚地说儿歌、童谣或复述简短的故事。

（2）4~5 岁幼儿

①是否愿意与他人交谈，喜欢谈论自己感兴趣的话题。

②是否会说本民族或本地区的语言，基本会说普通话。少数民族聚居地区幼儿是否会用普通话进行日常对话。

③是否能基本完整地讲述自己的所见所闻和经历的事情。

④讲述是否比较连贯。

（3）5~6 岁幼儿

①是否愿意与他人讨论问题，是否敢在众人面前说话。

②是否会说本民族或本地区的语言和普通话，发音正确清晰。少数民族聚居地区幼儿是否基本会说普通话。

③是否能有序、连贯、清楚地讲述一件事情。

④讲述时是否能使用常见的形容词、同义词等，语言比较生动。

三、具有文明的语言习惯

（1）3~4 岁幼儿

①与别人讲话时是否知道眼睛要看着对方。

②说话是否自然，声音大小是否适中。

③是否能在成人的提醒下使用恰当的礼貌用语。

（2）4~5 岁幼儿

①别人对自己讲话时是否能回应。

②是否能根据场合调节自己说话声音的大小。

③是否能主动使用礼貌用语，不说脏话、粗话。

（3）5~6 岁幼儿

①别人讲话时是否能积极主动地回应。

②是否能根据谈话对象和需要，调整说话的语气。

③是否懂得按次序轮流讲话，不随意打断别人。

④是否能依据所处情境使用恰当的语言，如在别人难过时会用恰当的语言表示安慰。

📖 知识点拨

学前儿童倾听与表达学习与发展存在的问题及原因

一、缺乏良好的语言环境

幼儿的语言能力需要模仿练习来逐步获得，如果幼儿的生活环境比较单一、枯燥，或者长期受到忽视，没有良好而丰富的语言环境就会缺乏语言锻炼和教育机会，会影响学前儿童语言的发展。

二、家庭成员个性的影响

如果父母或其他主要抚养人比较内向，沉默寡言，甚至性格孤僻，就会缺少必要的语言刺激，导致缺乏语言学习和应用练习的机会。

三、家庭教育影响

如果家庭成员过分溺爱孩子，以致他们不需要开口，就能满足各种需求，导致幼儿没有应用语言的需要。家长独断专行，家庭教育方式简单粗暴会造成幼儿不敢表达自己的想法。或者家长经常忽视幼儿的需求，没有耐心倾听他们的表达，也会为孩子做出不良示范。

四、挫折经历

幼儿在学习语言的过程中出现吐字不清或者表达错误，有时会遭到成年人或小伙伴有意无意的嘲笑或模仿，教师和家长如果处理不当会造成幼儿的自卑而羞于表达。

五、幼儿的年龄特点

学前儿童因其年龄特点往往很难耐心去倾听别人的谈话，尤其是当他们急着做某件事或者表达自己时。

六、成人的不良示范

成人在日常生活中，经常不耐心倾听别人的讲话，尤其是经常敷衍或者打断幼儿的谈话，就会造成不良示范，既不利于培养幼儿认真倾听的习惯，也会打击幼儿语言表达的积极性。

扫码学习 5.1 语言发育迟缓微课

知识点拨

引导学前儿童倾听与表达的指导策略

一、营造良好的语言环境

语言的发展既需要一定的生理成熟和认知的发展，还需要在交往中发挥语言的实际交往功能，成人应当多给幼儿创设倾听和交谈的环境，设法为幼儿创造学习语言、使用语言的机会并体验语言交往的乐趣，如区角活动、建构活动、角色扮演、绘本讲述、儿童剧表演等。鼓励和支持学前儿童与小伙伴一起交谈，相互讲述所见所闻或看过的绘本、动画等。

二、重视成人与幼儿的语言交流

儿童和成人语言交际的互动实践，对儿童语言的发展起着重要作用。成人在与幼儿交谈时，要考虑到幼儿的年龄特点、认知水平和生活经验，使用幼儿能听得懂的语言。经常和幼儿一起谈论他们感兴趣的话题，或一起读绘本、讲故事。每天有足够的时间与幼儿交谈。例如，谈论他们感兴趣的话题，询问和听取他们对自己感兴趣事情的看法等。和幼儿讲话时，要注意结合具体情境，使用丰富生动的语言，以便于幼儿理解。同时，说话时注意语气、语调，让幼儿感受语气、语调的作用。如读绘本时，成人应尽量通过不同的语气、语调把人物高兴、害怕、悲伤等不同的情绪表现出来。

三、引导幼儿学会认真倾听

认真倾听他人讲话既是社会交往的基本礼仪，也有利于学前儿童语言的学习。成人要为幼儿树立榜样，耐心倾听别人（包括幼儿）的讲话，等别人讲完再表达自己的观点。教师和家长给幼儿提要求和布置任务时要求他注意听，鼓励他们主动提问并认真对待幼儿的提问。

四、引导幼儿清楚地表达

成人在和学前儿童讲话时，要注意语言清楚、简洁，对于年龄小的幼儿可以适当放慢语速，加重语气。当幼儿因为急于表达而说不清楚时，可以安抚他慢慢说，不要着急。同时要耐心倾听，可以给予必要的补充，帮助幼儿厘清思路并清晰地表达出来。

五、注意循序渐进

语言的学习是一项长期的过程，不可能一蹴而就，更不能操之过急。同时，学前儿童语言的发展存在个体差异，教师和家长应充分尊重幼儿的成长规律，制定目标要合理，特别是家长不要盲目攀比。对于倾听与表达暂时存在一定困难的幼儿，要通过观察分析问题产生的原因，及时采取有针对性的措施，帮助幼儿提高语言能力。

六、做好家园合作

教师应做好家庭教育指导，家园协同，形成合力，帮助孩子提高语言能力。在家庭中多制造让幼儿和其他幼儿交往的机会，以促进幼儿的语言表达能力；不能对幼儿过分溺爱，当幼儿试图用表情和手势来表达需求时，家长可以假装不懂，制造口语表达的机会；每天坚持积累词汇，锻炼幼儿表达的能力。

任务实操5-1

1. 请为小雪设计一个倾听与表达行为的观察记录表。
2. 请针对小雪的情况制定一个指导方案，并填入本项目末的活页中。

任务二 掌握学前儿童文明语言习惯的观察与指导

情境导入

【案例5-2】

最近几天，大班的张老师发现班里的几个孩子经常说一些脏话，然后还很开心地笑。

平时这些孩子都非常有礼貌，也没有讲过脏话，老师为了搞清楚他们说脏话的原因，就分别和这几个孩子进行了谈话。

教师：你知道你讲的这句话是什么意思吗？

昊昊：是很好玩儿的意思，大家都这样说。

教师：你是从哪听来的这句话？

昊昊：小朋友说我也说，硕硕和天天他们都这样说。

教师：天天，你知道你讲的这句话是什么意思吗？

天天：这样很酷，很好玩。

教师：你是从哪听来的这句话？

天天：硕硕教我们的。

教师：硕硕，你知道你讲的这句话是什么意思吗？

硕硕：老师我知道，很好玩、很酷。

教师：你是从哪听来的这句话？

硕硕：我爸爸这样说的，他这样说我妈妈。

教师：你妈妈听到后是生气还是高兴？

硕硕：妈妈很开心，她也这样说爸爸，爸爸也很开心。

📋 任务提示

1. 学前儿童文明的语言习惯有哪些观察要点？
2. 影响学前儿童文明的语言习惯发展的因素有哪些？
3. 培养学前儿童文明语言习惯的指导策略有哪些？

📖 知识点拨

文明的语言习惯观察要点

一、3~4岁幼儿

（1）与别人讲话时是否知道要看着对方。

（2）是否说话自然，声音大小适中。

（3）是否能在成人的提醒下使用恰当的礼貌用语。

二、4~5岁幼儿

（1）别人对自己讲话时是否能回应。

（2）是否能根据场合调节自己说话声音的大小。

（3）是否能主动使用礼貌用语，不说脏话、粗话。

三、5~6岁幼儿

（1）别人讲话时是否能积极主动地回应。

（2）是否能根据谈话对象和需要，调整说话的语气。

（3）是否懂得按次序轮流讲话，不随意打断别人。

（4）是否能依据所处情境使用恰当的语言，如在别人难过时会用恰当的语言表示安慰。

知识点拨

培养学前儿童文明的语言习惯过程中存在的问题及原因

一、幼儿年龄特点和心理特点

幼儿由于其年龄特点，理解能力和分辨是非的能力差，加之喜欢模仿，如果周围有不文明的语言现象，很容易模仿习得。

二、成年人的不良影响

成年人对幼儿的语言学习的影响非常大，如果家长、教师或者其他成年人不注意自己的言行，例如使用不文明的语言，在公共场合大声说话，或者随意打断他人的谈话等，就会给幼儿造成不良示范。

三、不良环境的影响

社区环境和同龄人对幼儿的语言习惯的形成也有非常大的影响。

四、不良媒体读物的影响

影视作品、图书读物，尤其是目前短视频流行，质量良莠不齐，如果其中存在不良的语言习惯的示范，就会对幼儿造成不良影响。

知识点拨

培养学前儿童文明的语言习惯的指导策略

一、成人做好示范榜样

幼儿喜欢模仿，因此教师和家长在日常生活中应该为幼儿做好文明语言习惯的榜样。要努力做到用词文雅，使用礼貌用语，自觉回避使用脏话、粗话，更不能讲黑话、黄话、怪话。

二、营造文明的语言环境

将培养幼儿文明的语言习惯融入生活的各种活动、各个环节。如上课先举手，教师同意后再讲话；按次序轮流讲话，不随意打断别人；回答问题声音要响亮，公共场所说话声音要小。

三、肯定积极行为

教师要善于通过观察发现幼儿文明的语言行为，如使用礼貌用语，应及时予以肯定，起到正强化的作用。

四、正确处理幼儿不文明的语言行为

对于幼儿不文明的语言行为，教师要通过观察找到原因，有针对性地处理。如有的幼儿出于好奇模仿成年人说粗话，其实并不理解其中的含义，教师要耐心告诉他们这样的语言是不文明和不受欢迎的，而不是一味批评和惩罚。

五、设计好活动

根据幼儿的心理特点，利用绘本、游戏、儿童戏剧、谈话讨论等丰富多彩的活动，引导幼儿理解文明的语言习惯的重要性，并自觉遵守。

六、弘扬传统文化

中国是礼仪之邦，中华民族具有五千年的文明历史，应当引导幼儿汲取传统文化沃土中文明的语言习惯的营养，既要培养学前儿童文明的语言习惯，又能做好传统文化传承与弘扬工作。

七、做好家园合作

家庭是幼儿生活的重要场所，也是培养学前儿童文明的语言习惯的主要环境之一，教师应当做好家庭教育指导工作，家园配合一致，让幼儿更好地成长。

任务实操5-2

1. 试分析案例 5-2 中幼儿说粗话的原因。
2. 如果你是张老师，请谈一谈你将怎样培养和指导这些幼儿，让他们养成文明的语言习惯，并填入本项目末的活页中。

任务三　掌握学前儿童阅读与书写准备观察与指导

情境导入

【案例 5-3】

下午离园的时候，中班的程老师发现硕硕在跟妈妈发脾气，他把小背包扔在地上，冲着妈妈喊："我要奶奶来接我！"妈妈严厉地说："别胡闹！赶紧给我把背包捡起来！回家了！""我不跟你走，我不回家！让奶奶来接我！"硕硕并没有听从妈妈的命令，反而大声喊起来，声音里带着哭腔。"做错事情还不认错，别没完没了，再不走就不要你了！"妈妈生气地说。"不要我就不要我，我去当小乞丐！想去哪儿就去哪儿！"硕硕哭了起来，语气却更加强硬。

这时，其他小朋友都已陆续离园，程老师把硕硕和他妈妈请到办公室。程老师蹲下来问硕硕："为什么不让妈妈接？"硕硕还没有回答，妈妈就说："老师，你是不知道这孩子，太气人了，我们家刚装修完，他就把半面墙都画上了东西，您看看这些照片！"妈妈边说边把手机上的照片给程老师看，"最可气的是，说他半天还不承认错误，您看来接他还要脾气！"

"我那是在写字，在学习！妈妈最坏！最不讲理！"硕硕又哭起来。

妈妈还想说话，程老师一边示意她等一会儿，一边接过妈妈的手机说："原来你是在写字啊，我看看你写了些什么？哦，这一大面墙啊！你能跟老师说说你写了什么吗？"

硕硕说："老师，你看这是我写的'小猪佩奇'！""原来写的是小猪佩奇呀！"程老师说。"对，老师，你看没有人教我，我就会写字了！妈妈还骂我……妈妈太坏了！"硕硕说。

"硕硕，你写的字真不错，没有人教就能写字真了不起。但是不是随便哪个地方都可以写字，你知道吗？"程老师问硕硕。

硕硕说："老师，刚开始我看到老师都在墙上写字，我以为墙上能写。妈妈凶我了，我知道要在墙上写字需要问问大人行不行。可是妈妈太凶了！"

任务提示

1. 培养学前儿童阅读与书写准备有什么重要性？
2. 学前儿童阅读与书写准备行为有哪些观察要点？
3. 影响学前儿童阅读与书写准备能力发展的因素有哪些？
4. 培养学前儿童阅读与书写准备行为指导的策略有哪些？

知识点拨

学前儿童阅读与书写准备的重要性

一、阅读是语言能力发展的重要组成部分

阅读是学前儿童发展完善的语言能力的必要途径之一。学前儿童对于文字的认知能力虽然不足，但是他们会有自己感兴趣的图画书和故事书，阅读有助于积累词汇，提高幼儿对语言的理解和应用能力。

二、阅读有助于培养幼儿的学习兴趣

阅读有助于拓展幼儿的知识面，让幼儿可以接触到多方面的知识，如文学、历史、地理、科学、政治等，增长见闻，激发幼儿认识世界的兴趣，为未来的学习打下良好基础。

三、阅读有助于幼儿形成良好的品格和健全的人格

优秀的绘本和文学作品有助于幼儿受到正向的影响和感染。爱阅读的幼儿往往视野开阔，心胸宽广，有仁爱之心，能从多角度看待问题。受到书中人物的影响，也有助于幼儿形成做事认真、不怕困难、是非分明等优秀品格。爱阅读的幼儿往往情绪更为稳定，个性较为冷静，能自我约束，往往能经得起人生的考验，懂得应付危机和挫折，情绪上较为平稳和愉快。

四、阅读有助于培养幼儿的想象力

书中世界绚烂多彩，包罗万象，广阔无限，充满想象。不论现实环境如何狭隘枯燥，热爱阅读的幼儿往往理想远大，有梦想，富于想象力和创造力。

五、阅读有助于幼儿形成良好的学习品质

通过阅读，可以让幼儿善于观察，勤于思考，做事专注，形成良好的学习品质，为未来的学习打下坚实的基础，让幼儿受益终生。

六、初步的书写兴趣和书写准备为将来的书写做好准备

在学前阶段培养幼儿建立书写兴趣，掌握初步的书写准备技能，为幼儿进入小学阶段的文字书写打下良好的基础。

📖 知识点拨

学前儿童阅读与书写准备行为的观察要点

一、喜欢听故事，看图书

（1）3~4 岁幼儿

① 是否会主动要求成人讲故事、读图书。

② 是否喜欢跟读韵律感强的儿歌、童谣。

③ 是否爱护图书，不乱撕、乱扔。

（2）4~5 岁幼儿

① 是否反复看自己喜欢的图书。

② 是否喜欢把听过的故事或看过的图书讲给别人听。

③ 是否对生活中常见的标识、符号感兴趣，是否知道它们表示一定的意义。

（3）5~6 岁幼儿

① 是否专注地阅读图书。

② 是否喜欢与他人一起谈论图书和故事的有关内容。

③ 是否对图书和生活情境中的文字符号感兴趣，是否知道文字表示一定的意义。

二、具有初步的阅读理解能力

（1）3~4 岁幼儿

① 是否能听懂短小的儿歌或故事。

② 是否会看画面，能根据画面说出图中有什么，发生了什么事等。

③ 是否能理解图书上的文字是和画面对应的，是用来表达画面意义的。

（2）4~5 岁幼儿

① 是否能大体讲出所听故事的主要内容。

②是否能根据连续画面提供的信息，大致说出故事的情节。

③是否能随着作品的展开产生喜悦、担忧等相应的情绪反应，体会作品所表达的情绪情感。

（3）5~6 岁幼儿

①是否能说出所阅读的幼儿文学作品的主要内容（图 5-2）。

图 5-2　幼儿阅读绘本照片

②是否能根据故事的部分情节或图书画面的线索猜想故事情节的发展，或续编、创编故事。

③对看过的图书、听过的故事是否能说出自己的看法。

④是否能初步感受文学语言的美。

三、具有书面表达的愿望和初步技能

（1）3~4 岁幼儿

是否喜欢用涂涂画画表达一定的意思。

（2）4~5 岁幼儿

①是否愿意用图画和符号表达自己的愿望和想法。

②在成人提醒下，写写画画时姿势是否正确。

（3）5~6 岁幼儿

①是否愿意用图画和符号表现事物或故事。

②是否会正确书写自己的名字。

③写画时姿势是否正确。

知识点拨

学前儿童阅读与书写准备的指导策略

一、为幼儿提供良好的阅读环境和条件

提供一定数量、符合幼儿年龄特点、富有童趣的图画书。提供相对安静的地方，尽量减少干扰，保证幼儿自主阅读。

二、激发幼儿的阅读兴趣，培养阅读习惯

经常抽时间与幼儿一起看图书、讲故事。提供童谣、故事和诗歌等不同体裁的儿童文学作品，让幼儿自主选择和阅读。当幼儿遇到感兴趣的事物或问题时，和他一起查阅图书资料，让他感受图书的作用，体会通过阅读获取信息的乐趣。

三、引导幼儿体会标识、文字符号的用途

在日常生活中让幼儿体会标识、文字符号的用途。如向幼儿介绍医院、公用电话等生活中的常见标识，让他知道标识可以代表具体事物。结合生活实际，帮助幼儿体会文字的用途。如买来新玩具时，把说明书上的文字念给幼儿听，了解玩具的玩法。

四、循序渐进，培养幼儿的阅读习惯

教师和家长要经常和幼儿一起阅读，引导他以自己的经验为基础理解图书的内容。如引导幼儿仔细观察画面，结合画面讨论故事内容，学习建立画面与故事内容的联系。和幼儿一起讨论或回忆书中的故事情节，引导他有条理地说出故事的大致内容。在给幼儿读书或讲故事时，可先不告诉名字，让幼儿听完后自己命名，并说出这样命名的理由。鼓励幼儿自主阅读，并与他人讨论自己在阅读中的发现、体会和想法。

五、在阅读中发展幼儿的想象和创造能力

鼓励幼儿依据画面线索讲述故事，大胆推测、想象故事情节的发展，改编故事部分情节或续编故事结尾。鼓励幼儿用故事表演、绘画等不同的方式表达自己对图书和故事的理解。鼓励和支持幼儿自编故事，并为自编的故事配上图画，制成图画书。

六、引导幼儿感受文学作品的美

有意识地引导幼儿欣赏或模仿文学作品的语言节奏和韵律。给幼儿读书时，通过表情、动作和抑扬顿挫的声音传达书中的情绪情感，让幼儿体会作品的感染力和表现力。

七、体验文字符号的功能，培养书写兴趣

让幼儿在写写画画的过程中体验文字符号的功能，培养书写兴趣。如准备供幼儿随时取放的纸、笔等材料，也可利用沙地、树枝等自然材料，满足幼儿自由涂画

的需要。鼓励幼儿将自己感兴趣的事情或故事画下来并讲给别人听，让幼儿体会写写画画的方式可以表达自己的想法和情感。把幼儿讲过的事情用文字记录下来，并念给他听，使幼儿知道说的话可以用文字记录下来，从中体会文字的用途。

八、在绘画和游戏中做好必要的书写准备

引导幼儿在绘画和游戏中做好必要的书写准备。如通过把虚线画出的图形轮廓连成实线等游戏，促进手眼协调，同时帮助幼儿学习由上至下、由左至右的运笔技能。鼓励幼儿学习书写自己的名字。提醒幼儿写画时保持正确姿势。

任务实操5-3

1. 试分析硕硕的一系列行为。

2. 如果你是程老师，接下来将如何分别与硕硕和硕硕妈妈交流？请将你的做法填入本项目末的活页中。

课后提升

巩固提升

一、判断题（请在你认为正确的题目前打"√"，错误的打"×"）

1. 家庭成员过分溺爱孩子，或者独断专行，家庭教育方式简单粗暴都会影响幼儿的语言表达。　　　　　　　　　　　　　　　　　　　　　（　　　）

2. 对于幼儿不文明的语言行为，教师要立即严厉地制止。　　　　（　　　）

3. 对口吃的幼儿，教师要耐心地反复纠正，直到流畅为止。　　　（　　　）

4. 为了让幼儿做好必要的书写准备，应从大班开始让幼儿练习写字。　　　　　　　　　　　　　　　　　　　　　　　　　　　（　　　）

5. 阅读启蒙对幼儿很重要，读得越多效果越好。　（　　　）

扫码学习 5.2 语言领域绘本介绍微课

二、请制作本项目思维导图

在单独页面制作思维导图。

拓展资源

1. 语言领域绘本介绍

2. 经典推介

中华传统儿歌

（以下三页可拆下用于完成任务）

扫码学习 5.3 中华传统儿歌微课

✦ 任务实操活页

任务实操5-1

1. 请为小雪设计一个倾听与表达行为观察记录表。

2. 请针对小雪的情况制订一个指导方案。

任务实操5-2

1.试分析案例 5-2 中幼儿说粗话的原因。

_____

_____

_____

_____

_____

_____

_____

_____

_____

2.如果你是张老师，请谈一谈你将怎样培养和指导这些幼儿，让他们养成文明的语言习惯。

_____

_____

_____

_____

_____

_____

_____

_____

_____

_____

任务实操5-3

1. 试分析硕硕的一系列行为。

_____

_____

_____

_____

_____

_____

_____

_____

_____

_____

_____

2. 如果你是程老师，接下来将如何分别与硕硕和硕硕妈妈交流？

_____

_____

_____

_____

_____

_____

_____

_____

_____

_____

✦ 任务实操考核评价

班级＿＿＿＿ 组别＿＿＿＿ 姓名＿＿＿＿ 学号＿＿＿＿ 日期＿＿＿＿ 评价项目＿＿＿＿

评价阶段	评价内容	分值	佐证材料	学生自评	小组互评	教师评价	平台数据
课前自学	"扫码学习"完成度	5	平台数据				
	自学自测	10	是否完成测试题				
课中实训	任务实操5-1完成情况	20	实操作业				
	任务实操5-2完成情况	20	实操作业				
	任务实操5-3完成情况	20	实操作业				
	科学的儿童观和仁爱之心	5	是否能尊重幼儿成长规律，耐心观察与指导幼儿语言发展				
	文化自信	5	是否引导幼儿进行优秀传统文化的传承				
课后提升	课后提升	10	平台数据				
	拓展资源	5	平台数据				
项目得分			教师签名				

　　评价说明：项目评价分值仅供参考，教师可以根据实际情况进行调整。在本项目完成之后，由任课教师主导，采用过程性评价与结果评价相结合，综合运用自我评价、小组评价和教师评价三种方式，由教师确定三种评价方式分别占总成绩的权重，计算出学生在本项目的考核评价得分（平台数据完成的打"√"，未完成的打"×"）。

项目六
学前儿童社会领域行为观察与指导

项目概述

本项目主要学习学前儿童社会领域行为观察与指导，通过案例学习掌握学前儿童人际交往、自尊、自信、自主和遵守行为规范等行为的观察、分析与指导。

学习目标

素质目标：

1. 强化为国家和社会培养高素质公民的责任感和使命感；
2. 增强对学前儿童长远发展负责的耐心与爱心。

知识目标：

1. 了解学前儿童社会领域行为观察与指导内容；
2. 掌握学前儿童人际交往、自尊、自信、自主和遵守行为规范等行为的观察要点；
3. 掌握学前儿童社会领域行为的分析方法；
4. 掌握学前儿童社会领域行为的指导方法。

能力目标：

1. 能够根据学前儿童社会领域的观察目的做好观察准备、制订观察计划；
2. 能够科学规范地对学前儿童社会领域行为进行观察和记录；
3. 能够对学前儿童社会领域行为观察的结果进行分析，制订指导方案，促进学前儿童社会领域的学习与发展。

案例导入

【案例 6-1】

心怡的奶奶是一位退休的小学教师，她 4 岁 3 个月才入园，直接插入中班，很快适应了幼儿园的生活。老师发现心怡日常生活中的自理能力很强，语言能力、动作发展都优于同龄小朋友，知识面很广，对幼儿园的规则也适应得很快，这些都是心怡的奶奶最为骄傲的地方。但是老师观察到，心怡几乎不和其他小朋友交流，自由活动的时候也总是一个人玩。老师好几次让她和小朋友一起做游戏，她都回答说别的小朋友都不文明、不友好，也没有知识，她想自己玩儿。心怡这种情况需不需要进行干预呢？

课前自学

知识点拨

学前儿童社会领域学习与发展概述

学前儿童社会领域的学习与发展过程是其社会性不断完善并奠定健全人格基础的过程。人际交往和社会适应是幼儿社会学习的主要内容，也是其社会性发展的基本途径。幼儿在与成人和同伴交往的过程中，不仅学习如何与人友好相处，也在学习如何看待自己、对待他人，不断发展适应社会生活的能力。良好的社会性发展对幼儿身心健康和其他各方面的发展都具有重要影响。

家庭、幼儿园和社会应共同努力，为幼儿创设温暖、关爱、平等的家庭和集体生活氛围，建立良好的亲子关系、师生关系和同伴关系，让幼儿在积极健康的人际关系中获得安全感和信任感，发展自信和自尊，在良好的社会环境及文化的熏陶中学会遵守规则，形成基本的认同感和归属感。

幼儿的社会性主要是在日常生活和游戏中通过观察和模仿潜移默化地发展起来的。成人应注重自己言行的榜样作用，避免简单生硬的说教。

学前儿童社会领域行为观察与指导的重要性

一、学前阶段是人社会性发展的重要时期

幼儿期也是人的个性初具雏形的时期。在这一时期，幼儿学习怎样与人相处，怎样看待自己，怎样对待别人；逐步认识周围的社会环境，内化社会行为规范；逐渐形成对所在群体及其文化的认同感和归属感，发展适应社会生活的能力。

二、社会领域的发展为儿童一生的全面健康成长奠定基础

社会化是儿童学习与发展的中心任务之一，因为只有习得所在社会群体认可的价值观和行为方式才能成为合格的社会成员。社会性领域的学习与发展，其实质在于促进儿童社会化，并在社会化的过程中逐渐形成良好的社会性与个性。学前时期形成的对人、对事、对己的态度，逐渐发展出的个性品质和行为风格，不仅直接影响其童年生活的快乐与幸福感，还影响其身心健康以及知识、能力和智慧的形成，更可能影响其一生的学习、工作和生活。

三、促进学前儿童积极社会化是为社会培养合格公民的要求

学前儿童社会教育以儿童的社会生活事务及其相关的人文社会知识为基本内

容，以社会及人类文明的积极价值为引导，培育有着良好社会理解力、社会情感、品德与行动能力的完整、健康的儿童，为他们将来成长为对国家和社会有用的合格公民打下良好基础。

四、通过行为观察有针对性地指导社会领域的学习与发展可以事半功倍

通过行为观察可以评估学前儿童在社会领域的学习与发展水平，也有利于发现学前儿童在社会领域的学习与发展过程中存在的问题，有利于教师根据幼儿的发展水平和存在的问题有针对性地制定指导措施，更好地促进学前儿童在社会领域的学习与发展。

📖 知识点拨

学前儿童社会领域学习与发展的主要目标

一、《纲要》中的社会领域主要目标

（1）能主动地参与各项活动，活动中快乐，有自信心。

（2）乐意与人交往，学习互助、合作和分享，有同情心。

（3）理解并遵守日常生活中基本的社会行为准则。

（4）能努力做好力所能及的事，不怕困难，有初步的责任感。

（5）爱父母、长辈、老师和同伴，爱集体、爱家乡、爱祖国。

二、《3~6岁儿童学习与发展指南》中的社会领域目标

（1）人际交往

① 愿意与人交往。

② 能与同伴友好相处。

③ 具有自尊、自信、自主的表现。

④ 关心尊重他人。

（2）社会适应

① 喜欢并适应群体生活。

② 遵守基本的行为规范。

③ 具有初步的归属感。

📖 自学自测

一、选择题

1.下列不是学前儿童人际交往的目标的是（　　　）。

A. 愿意与人交往　　　　　B. 能与同伴友好相处

C. 正确认识自己　　　　　D. 关心尊重他人

2. 学前儿童良好的人际关系主要包括（　　　）。
    A. 良好的亲子关系　　　　　　　B. 良好的师生关系
    C. 良好的同伴关系　　　　　　　D. 以上都是

二、填空题

1. （　　　）和（　　　）是幼儿社会学习的主要内容，也是其社会性发展的基本途径。
2. 学前儿童社会适应目标包括（　　　）、（　　　）和（　　　）。

课中实训

实训目标

1. 能够了解学前儿童社会领域行为观察的内容。
2. 能够通过行为观察评估学前儿童社会领域学习和发展情况以及存在的问题。
3. 能够分析影响学前儿童社会领域学习和发展的因素。
4. 能够根据行为观察与分析的结果制定指导措施，促进学前儿童社会领域学习和发展。
5. 强化为国家和社会培养合格公民的责任感和使命感，以及对学前儿童长远发展负责的耐心与爱心。

实训内容

任务一　掌握学前儿童人际交往观察与指导
任务二　掌握学前儿童自尊、自信、自主行为观察与指导
任务三　掌握学前儿童遵守基本的行为规范观察与指导

实训条件

实训条件如表 6-1 所示。

表 6-1　项目六实训条件

名　称	实　训　条　件	要　求
实训环境	理实一体化教室	校园网无线 Wi-Fi，可在线观看线上资源
物品准备	1. 签字笔； 2. 记录本（活页）； 3. 问卷量表； 4. 手机或平板电脑等录音录像设备； 5. 学前儿童社会领域活动材料（器材、玩具、教具等）； 6. 学前儿童社会领域活动影像资料	活动材料充足，满足学前儿童社会领域学习和发展需求

续表

名　称	实 训 条 件	要　求
知识准备	1. 具备学前儿童社会领域学习和发展的与相关理论知识； 2. 初步具备学前儿童社会领域行为观察与指导的基本知识	理解记忆相关知识点

实训步骤

1. 制订观察计划，全面了解先导案例中幼儿的人际交往情况。
2. 制定一个方案，帮助案例中幼儿提高参与人际交往的意愿和技能。
3. 针对案例中的场景对幼儿进行具体指导。
4. 制定系统方案培养学前儿童自尊、自信、自主。
5. 针对案例中的 4 个场景进行具体指导。
6. 制定系统方案培养学前儿童社会规则。

任务一　掌握学前儿童人际交往观察与指导

情境导入

在前面的先导案例中，老师观察到心怡虽然很适应幼儿园的生活，但是在园中几乎不和其他小朋友交流，自由活动的时候也总是一个人玩儿。经教研讨论，教师们认为心怡在人际交往方面存在一定问题，如果要进一步观察心怡的人际交往情况，还需要做哪些工作？观察后应怎样对心怡进行指导呢？

任务提示

1. 在语言、健康、科学等领域发展很好的幼儿却从不和其他小朋友交流是否有问题？
2. 学前儿童人际交往能力对其发展有什么意义？

知识点拨

学前儿童人际交往能力的重要性

人际交往也称人际沟通，指个体通过一定的语言、文字或肢体语言、动作、表情等表达手段将某种信息传达给其他个体，与其他个体建立人际关系的过程。社会性交往是正在成长中的儿童的一种精神需要和实现个体社会化的重要途径。

一、促进学前儿童自我认知发展

良好的人际交往关系是形成健康的自我概念的必要条件，儿童之间的认知冲突可以加快其自我概念的形成。儿童在和同伴的人际交往中，更能把他人作为一种社会参照，来看待自己在别人眼中的形象，并逐步调整自己的态度和行为以促进自身社会性的发展。

二、有助于学前儿童学会理解他人

儿童在与他人的交往中获得快乐、生气、伤心等丰富的情感体验，逐渐了解什么行为是受人欢迎的、什么行为是被排斥的，在交往中开始能从他人的角度看问题。不同观点的碰撞对于克服儿童的自我中心是很有益的，有助于儿童学习调控自己在交往中的行为，使自己在人际交往中获得愉快的经验。

三、促进学前儿童语言能力的发展

人际交往为学前儿童理解和使用语言提供了机会，社会领域发展的同时也为学前儿童语言的学习和发展提供了大量的真实的场景和机会，很好地促进学前儿童语言能力的发展，从而极大地促进智力的发展。

四、有助于儿童积极健康个性的养成

学前儿童在与同伴的交往中可以获得最自然的发展。经常与人合作、社会交往能力强的儿童常有较强的自信心和自我效能感，并且心情愉快、活泼开朗，对儿童积极健康个性和乐观的生活态度的养成有重要作用。

五、有助于培养儿童团队协作精神

人际交往能力强的儿童容易被同伴认可和接纳，他们一般都有较强的亲和力，能够初步克服自我中心倾向，在团队游戏时，懂得合作、谦让，逐渐养成与人合作、友好相处、助人为乐等积极品质，团队协作精神将使幼儿受益终身。

六、有助于儿童社会性发展

学前期是接受社会化的最佳时期，良好的人际交往技能是儿童社会化的关键因素。儿童的社会性发展心理结构主要包括社会情感、社会行为技能、社会认知、自我意识、道德品德和社会适应6个方面，每一个方面都需要在人际交往过程中认识和强化才能得到发展。

七、人际关系不良影响学前儿童全面发展

如果幼儿人际互动的社会技巧未朝正向发展，表现为任性、事事以自我为中心、不合群、霸道、有攻击性等行为，他们在团体中往往不受欢迎，很难有良好的人际关系互动，因而丧失了对他人的信任感及安全感，爱与尊重的基本需求无法得到满足，很容易进一步转变为情绪的困扰，也有可能影响身体健康，甚至影响人格发展与未来社会生活的适应。

扫码学习 6.1 学前儿童人际交往的主要类型微课

知识点拨

学前儿童人际交往观察要点

参照《3~6 岁学前儿童学习与发展指南》，学前儿童人际交往行为观察主要有以下两个要点。

一、是否愿意与人交往

（1）3~4 岁幼儿

① 是否愿意和小朋友一起游戏。

② 是否愿意与熟悉的长辈一起活动。

（2）4~5 岁幼儿

① 是否喜欢和小朋友一起游戏，有经常一起玩的小伙伴。

② 是否喜欢和长辈交谈，有事愿意告诉长辈。

（3）5~6 岁幼儿

① 是否有自己的好朋友，也喜欢结交新朋友。

② 是否有问题愿意向别人请教。

③ 是否有高兴的或有趣的事愿意与大家分享。

二、是否能与同伴友好相处

（1）3~4 岁幼儿

① 想加入同伴的游戏时，是否能友好地提出请求。

② 在成人指导下，是否能做到不争抢、不独霸玩具。

③ 与同伴发生冲突时，是否能听从成人的劝解。

（2）4~5 岁幼儿

① 是否会运用介绍自己、交换玩具等简单技巧加入同伴游戏。

② 对大家都喜欢的东西是否能轮流分享。

③ 与同伴发生冲突时，是否能在他人帮助下和平解决。

④ 活动时是否愿意接受同伴的意见和建议。

⑤ 是否不欺负弱小。

（3）5~6 岁幼儿

① 是否能想办法吸引同伴和自己一起游戏。

② 活动时是否能与同伴分工合作，遇到困难能一起克服。

③ 与同伴发生冲突时是否能自己协商解决。

④ 知道别人的想法有时和自己不一样，是否能倾听和接受别人的意见，不能接受时是否会说明理由。

⑤ 是否不欺负别人，也不允许别人欺负自己。

说明：以上要点只是学前儿童人际交往行为观察的主要内容，通常不可直接作为行为检核表来观察、评价幼儿的行为，每一项观察内容都需要在一定情境下来观察，才有可能更接近幼儿的真实情况。因此在实施观察之前需要提前了解所要观察的目标行为的观察要点，了解该行为通常出现在什么样的场景（图 6-1），有时还需要进一步细化并给出操作定义。例如，对"5~6 岁幼儿是否能想办法吸引同伴和自己一起游戏"观察前，事先通过预观察列出幼儿吸引同伴的具体方法和操作定义。

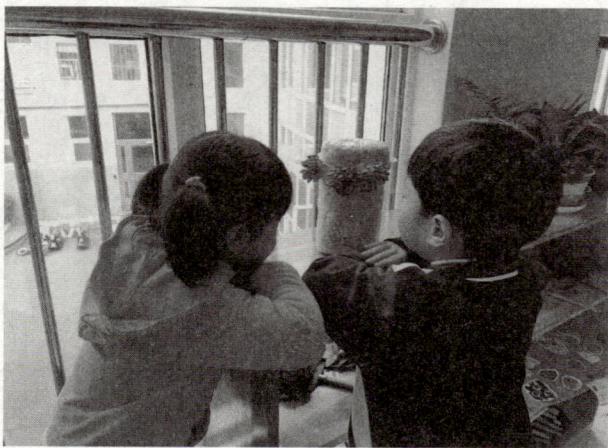

图 6-1　幼儿交流互动照片

知识点拨

影响学前儿童人际交往能力发展的因素

一、家长对培养学前儿童人际交往能力的重要性认识不足

家长教育知识不足，思想观念陈旧，导致对培养儿童人际交往能力的重要性认识不足。很多家长只注重孩子的身体健康、智力、认知、才艺等方面，没有认识到人际交往能力对学前儿童一生的发展都有着重大影响。

二、家长培养儿童人际交往能力的知识和能力不足

很多家长由于缺乏培养儿童人际交往能力的知识，也不能真正有意识地关注儿童的人际交往能力，在培养儿童人际交往能力方面仍处于被动地位，不能及时发现孩子在人际交往方面的问题，或者即使发现问题也不能有针对性地解决。例如当幼儿之间出现矛盾冲突时，是培养人际交往能力很好的锻炼机会，家长反而不让孩子继续交往，自然就会错过培养儿童人际交往能力的时机。

三、幼儿缺乏人际交往环境和机会

学前儿童人际交往能力需要在实际生活中反复实践才能获得。由于现代家庭结构和生活方式的改变，幼儿与同伴交往的机会大大减少，如果家长不能有意识地为幼儿创设交往环境，幼儿就会因缺乏锻炼机会而导致人际交往能力欠缺。

四、幼儿园对儿童人际交往能力的培养不够重视

有些幼儿园受社会观念的影响，也为了迎合家长望子成龙、望女成凤的心理，教育目标"功利化"，注重知识积累和才艺培养，忽视对幼儿人际交往能力的培养，甚至出现学前教育小学化，挤占了儿童人际交往能力的发展时间。

五、教师缺乏儿童人际交往能力培养意识和指导经验

幼儿教师由于自身教育理念和专业素质所限，缺乏主动培养学前儿童人际交往能力的意识。同时，缺乏对幼儿的观察能力、儿童人际交往活动设计能力和幼儿人际交往能力的指导经验，因而在保教工作中不能做到对儿童人际交往能力的支持和促进。

六、家园合作不足

学前儿童人际交往能力的培养需要家园密切合作，形成合力。如果家庭教育与幼儿园的教育方式方法相矛盾，那么幼儿就会产生疑惑而无所适从，或者导致幼儿在家和幼儿园的行为表现判若两人，老师在场和不在场判若两人。例如，幼儿园教育幼儿和同伴有分歧时应当协商解决，但是由于家庭成员的溺爱，在家中一不如意就大哭大闹，导致家长经常妥协迁就。家园配合不到位则不利于学前儿童人际交往能力的提高。

知识点拨

学前儿童人际交往指导的策略

一、建立良好的亲子关系和师生关系

家长应多关心和陪伴幼儿，经常进行亲子游戏或亲子活动，积极构建安全型依赖关系。教师应尊重幼儿，主动亲近幼儿，建立良好的师幼关系，营造温馨和谐的气氛，让幼儿感受到与成人交往的快乐。

二、创造交往的机会，让学前儿童体会交往的乐趣

家长可以利用走亲访友或有客人来访的机会，鼓励幼儿与他人接触和交谈。经常带幼儿到社区公园和其他孩子玩，或者邀请小朋友到家里玩，鼓励幼儿参加小朋友的游戏，感受与小伙伴一起玩的快乐。幼儿园应多为幼儿提供自由交往和游戏的机会，鼓励他们自主选择、自由结伴开展活动。

三、指导学前儿童学习交往的基本规则和技能

结合具体情境，帮助学前儿童逐步掌握人际交往的基本规则和技能。例如当幼儿间发生矛盾冲突时，引导他们学习用交换、轮流、合作、协商等方式来解决冲突。利用图书、绘本和游戏，帮助幼儿理解交往规则、练习和掌握交往技能。多为幼儿提供需要大家齐心协力才能完成的活动，让幼儿在具体活动中体会合作的重要性，

学习分工合作。

四、引导学前儿童学会换位思考

结合具体情境，引导幼儿换位思考，学习理解他人。例如，当幼儿有攻击性行为等不友好行为时，引导他们想一想"如果你是那个被打的小朋友，你会开心还是难过？你会喜欢打人的小朋友吗？你喜欢和打你的小朋友玩吗？"让幼儿学习理解别人的想法和感受。也可以经常提醒幼儿关心身边的人，如家长身体不适，要让他休息或者为他倒杯水。

五、树立榜样，引导学前儿童形成良好的人际交往习惯

对幼儿的亲社会行为，如分享、合作行为给予充分肯定。教师和家长可以多与幼儿一起谈谈班级里面比较受欢迎的小朋友或者幼儿的好朋友，让他们说说喜欢这些小伙伴的原因，引导幼儿多发现同伴的优点、长处。根据班杜拉的社会学习理论，通过树立人际交往榜样，肯定亲社会行为，有助于幼儿形成良好的人际交往习惯。

任务实操6-1

1. 要想全面了解先导案例中心怡的人际交往情况，需要从哪些方面进行观察？请尝试制订观察计划。

2. 请针对先导案例中心怡的情况，制定一个方案，帮助心怡提高参与人际交往的意愿和技能。将观察计划和方案填入本项目末的活页中。

任务二　掌握学前儿童自尊、自信、自主行为观察与指导

情境导入

【案例 6-2】

桃桃是一名四半岁的女孩。教师注意到，桃桃在课堂上从来不主动举手回答问题，集体活动中也缺乏主动性，因而针对性地进行了观察，结果如下。

（1）自由活动。琳琳和佳佳等几个小朋友正在进行超市小游戏，桃桃在旁边观看了五分钟，目光聚焦于他们的活动，张了张嘴想说什么，但是又停了下来。这时，佳佳对桃桃说，桃桃，你要买点面包吗？新鲜出炉的。她马上笑着说："好的，好的！"佳佳拿了几个雪花片假装是面包给了她。她拿着雪花片继续看着其他小朋友。十分钟后，其他孩子结束了游戏，她也离开了。

（2）主题活动。教师组织了"我最棒"主题活动，请小朋友说一说，自己都有哪些优点。轮到了桃桃，她想了好一会儿才小声说："老师，我会自己穿衣服。"其他好几个小朋友笑了起来，晨晨说："会自己穿衣服算什么优点？谁不会呀？"桃桃

哭了起来。

（3）手工课。两个孩子共用一把剪刀，桃桃和晨晨用一把，晨晨用完剪刀后放在自己的右手边。桃桃坐在晨晨左边，伸手拿剪刀时够不到。她看了看晨晨，离开座位来到教师面前，小声说："老师，晨晨拿了剪刀，我够不到。"教师对她说："你自己跟晨晨商量解决。"她没有说话，回到座位上，看了看晨晨，起身离开座位到晨晨右边拿了剪刀，用了几下。晨晨从她手里拿走剪刀，用了一下，又放在自己右边。桃桃转身看向教师，见教师没有过来，就坐在座位上摆弄起纸片，没有继续做手工。

（4）借东西。教师为了进一步观察桃桃，让她到隔壁班找张老师借三张绿色卡纸和一瓶胶水。她低下头说："老师，我不敢去。"教师让她大胆试试，她走到隔壁班门口，站了两分钟，没有进去。走回来对教师说："老师，我不敢，你陪我去。"

📋 任务提示

1. 自尊、自信、自主对学前儿童全面发展有什么意义？
2. 对学前儿童的自尊、自信、自主等行为的观察有哪些要点？

📖 知识点拨

培养自尊、自信、自主对学前儿童发展的重要性

自尊、自信、自主是学前儿童社会领域学习发展的重要组成部分，是维持健康心理的重要支柱，也是良好心理素质的基础和标志。培养自尊、自信、自主不仅对学前儿童社会领域的学习和发展有着重要意义，而且对其他领域的全面发展和幼儿适应未来社会的生存与竞争环境意义重大。

一、有利于良好心理素质的形成

自尊、自信的人拥有高水平的自我价值感。自我价值感往往与人的积极情绪密切相连，如幸福、快乐、平和等。相反，自卑通常与消极的情绪相连，如焦虑、压抑、内疚等。而情绪直接影响着人的动机强度。所以自尊自信的儿童往往富有好奇心、主动性、独立性、创造性、乐于冒险，表现出积极进取的行为模式，而自卑的儿童行为方式通常是消极的、畏缩的、无益于其自身发展的。

二、自尊、自信是健康个性的重要标志

自尊的需要是人正常的心理需要，自尊需要的满足保证心理活动的正常进行。如果学前儿童自尊的需要得不到应有的满足，他的行为往往会出现偏差，形成攻击型、回避型、自卑型等不健康人格。

三、自尊、自信、自主是杰出公民的素质之一

有意识、有计划、有针对性地通过行为观察和指导培养学前儿童自尊、自信、

自主对提高我国公民整体素质，推动社会的进步具有非常重要的作用。儿童是国家未来的建设者，培养阳光自信、自尊自强、独立自主、心理健康的公民是家庭和幼儿园的责任。

四、是否自尊、自信、自主影响幼儿的全面发展

徐特立说，任何人都应该有自尊心、自信心、独立性，不然就是奴才。海伦·凯勒也认为信心是命运的主宰。是否具备自尊、自信、自主等重要素质，关系到幼儿的健康成长、各领域的学习与发展，更关系到成年后能否在社会立足，获得更好的发展机会，实现自我价值。

📖 知识点拨

学前儿童自尊、自信、自主行为观察要点

一、3~4岁幼儿

（1）能根据自己的兴趣选择游戏或其他活动。

（2）为自己的好行为或活动成果感到高兴。

（3）自己能做的事情愿意自己做。

（4）喜欢承担一些小任务。

二、4~5岁幼儿

（1）能按自己的想法进行游戏或其他活动。

（2）知道自己的一些优点和长处，并对此感到满意。

（3）自己的事情尽量自己做，不愿意依赖别人。

（4）敢于尝试有一定难度的活动和任务。

三、5~6岁幼儿

（1）能主动发起活动或在活动中出主意、想办法。

（2）做了好事或取得了成功后还想做得更好。

（3）自己的事情自己做，不会的愿意学。

（4）主动承担任务，遇到困难能够坚持而不轻易求助。

（5）与别人的看法不同时，敢于坚持自己的意见并说出理由。

📖 知识点拨

幼儿缺乏自尊、自信、自主的原因

导致学前儿童缺乏自尊、自信、自主的原因有很多，主要有以下几方面。

一、过度溺爱，事事包办

父母没有树立正确的育儿观，对孩子过分溺爱，凡事包办代替，竭尽全力帮孩

子解决各种困难，使孩子失去了锻炼的机会和成长的空间，造成孩子不仅缺乏必要的生活自理能力，而且缺乏独立活动能力和解决问题的能力，习惯依赖他人，遇到困难更易遭受挫折、失败，形成自卑心理。

二、过于严厉，缺乏关爱

有的父母对孩子过于严厉、粗暴，缺乏耐心和策略。习惯将自己的意愿强加于孩子，不允许孩子表达自己的想法。当孩子犯错时，往往采取批评、否定、训斥、讽刺挖苦，甚至打骂等不科学的教育方式。幼儿长期处于缺乏接纳、关爱的家庭环境中，会缺乏自我效能感，唯唯诺诺，优柔寡断。

三、盲目要求，期望过高

家长望子成龙观念和受社会压力的影响，不考虑幼儿的年龄特点和个人爱好，对孩子过度期望，盲目地揠苗助长。而孩子由于年龄和能力所限，往往难以满足父母的过高期望，频繁的失败和父母的否定会导致幼儿产生持续挫折感，产生自我怀疑、自我否定的消极情感。

四、横向比较，消极评价

成人的评价，尤其是父母和老师的评价是孩子认识自己的重要依据。有的家长喜欢攀比，经常拿其他孩子的优点和自己孩子的缺点比较，贬低孩子。横向比较和消极评价会使孩子产生不如别人的想法，认为自己真的很笨，做什么都不行，损害孩子的自尊心和自信心。

五、环境不良，缺乏锻炼

家庭和幼儿园对培养学前儿童自尊、自信、自主的重要性认识不充分，不注意创设适合培养幼儿自尊、自信、自主的客观环境，导致学前儿童缺乏锻炼机会，不能体验成功和自主选择的快乐及成就感，也影响其自尊、自信、自主的形成。

知识点拨

学前儿童自尊、自信观察与指导策略

培养学前儿童的自尊、自信、自主，关系着国家和民族未来人才的素质和幼儿个人的发展，我们应高度重视，在实践中不断探索培养幼儿自尊、自信、自主的途径和有效方法。要注意观察儿童的行为，加强家园合作，找出幼儿缺乏自尊、自信、自主的原因，采取有针对性的措施。

一、充分尊重幼儿

教师和家长在日常生活中应积极接纳每一名幼儿，关注学前儿童的感受，保护其自尊心和自信心。要以平等的态度对待幼儿，切忌拿幼儿的不足与其他幼儿的优点做比较，使幼儿切实感受到自己被尊重，为学前儿童创设良好的精神环境。

二、及时肯定优点

要善于通过观察发现学前儿童的优点和好的行为表现，及时予以肯定和表扬，对幼儿的肯定和表扬一定要具体、有针对性，使其认识到自己的优点和长处并感到满足和自豪。

三、创设成功机会

教师应设法为每一名学前儿童提供表现自己长处和获得成功的机会，尤其是对自信心不足的孩子。积极帮助幼儿获得他们力所能及的能力，包括认知能力、动手能力、运动能力及交往能力等。成功与喜悦会油然而生，使幼儿感到自己能行，有利于增强其自尊心和自信心。

四、鼓励独立自主

多为幼儿提供自选活动、创造性活动的机会，能力感与成就感是提高自尊自信的法宝。鼓励幼儿自主决定，独立做事，支持幼儿自主地选择、计划活动，增强其自尊心和自信心。注意征求幼儿的意见，即使他的意见与成人不同，也要认真倾听，接受他的合理要求。在保证安全的情况下，支持幼儿按自己的想法做事；教师和家长可提供必要的条件，帮助其实现自己的想法。幼儿自己的事情尽量放手让其自己做，即使幼儿做得不够好，也应鼓励并给予一定的指导，使其在做事中树立自尊和自信。

五、调整任务难度

教师应注意通过观察有针对性地调整任务难度。一方面通过观察对能力暂时较弱的幼儿适当降低难度，使其通过获得成功经历增强自信心；另一方面，在观察确定其能力的情况下，鼓励幼儿尝试有一定难度的任务，鼓励他们通过多方面的努力解决问题，通过不轻易放弃克服困难的尝试获得成就感。

六、引导自我评价

由于年龄特点，学前儿童不善于自我评价，甚至不会进行自我评价，对自己的认知依赖于成人及同伴对自己的评价。教师和家长要通过细心观察了解幼儿的特点，引导幼儿学会客观分析和评价自己，尤其是要引导自卑的幼儿认识到自己的优点。同时，也帮助幼儿认识和对待自己的不足，鼓励并帮助幼儿努力改进不足，逐渐获得自尊自信。

扫码学习 6.2 学前儿童自尊、自信观察与指导策略微课

任务实操6-2

1. 阅读案例 6-2，分组讨论，如果你是桃桃的老师，针对案例中的 4 个场景你将怎样具体指导桃桃？

2. 请针对桃桃的情况为其制定一个系统的指导方案，填入本项目末的活页中。

任务三　掌握学前儿童遵守基本的行为规范观察与指导

情境导入

【案例6-3】

乒乓，男，五岁三个月，教师注意到，他洗手时水开得很大，水会溅到别人身上和水池外边，洗完手后也不关水龙头，教师或者别的小朋友提醒他，他总是说："后边还有小朋友要洗，我就不用关了！"乒乓对幼儿园里的玩具和图书也不爱惜，经常损坏。小朋友提醒他或者教师批评时，他经常会说："坏了就坏了，再买新的呗！"如果弄坏了小朋友的玩具，他也不道歉，会说："这有什么，我再给你拿一个更好的！"第二天他就会拿一个新玩具来送给小朋友。经了解，乒乓的家庭比较富裕，家长在物质方面对乒乓有求必应。

任务提示

1. 学前儿童遵守基本的行为规范有什么重要性？
2. 生活富裕以后还需不需要爱惜物品、节约资源？

知识点拨

学前儿童遵守基本的行为规范概述

学前儿童社会规范指导指的是社会组织将其制定和有选择继承的社会行为标准、准则和规则进行社会传递的活动过程。其目的在于使幼儿将外在于主体的社会行为规范转化为主体的内部需要和规范行为。合理的社会规范指导是促进儿童社会性发展，推动儿童社会化的重要力量。

一、社会规范的内容

社会规范是一种关系范畴，是调节行为主体间关系、规约行动主体参与社会生活的行为准则。社会规范是一个有机系统，由各类相对独立的规范构成。

（1）道德规范

道德规范往往与人们的福利、权利、公平、分配资源、信任等问题有关，涉及是与非、对与错、爱与憎等道德问题的公共规则。

（2）合群性规范

合群性规范是以培养幼儿健康生活态度和能力为主要目标的规范，其核心是交往规范，如轮流、协商、合作、分享、表达等。

（3）集体规范

集体规范是指幼儿适应所在集体的规范，包括日常活动规范、学习、娱乐、游戏活动规范等。

（4）安全健康规范

安全健康规范是指一系列调节幼儿安全与健康的行为准则，如公共卫生规则、公共交通规则等。

（5）谨慎规范

谨慎规范是指那些儿童经常遇到的、用来调节安全、伤害、舒适和健康的行为规则。

二、幼儿遵守社会规范的意义

"没有规矩不成方圆。"学前时期是幼儿萌生规则意识和形成遵守社会规范习惯的重要时期，培养幼儿遵守社会规范具有十分重要的意义（图6-2）。

图6-2　幼儿排队照片

（1）有助于幼儿的社会化

学习和遵守社会规范是幼儿社会化的重要内容。幼儿通过对社会规范的认知，逐步强化遵守相关规则的意识，在实际生活中反复实践遵守社会规范，逐步形成认知、意识和行动上的自觉，为幼儿将来处于社会化有序的生活环境、做合格公民打下坚实的基础。

（2）有助于幼儿树立正确的是非观

是非观念决定人一生的性格和品行，正确的是非观念会让幼儿受益终生。随着经济条件的改善，幼儿成长的物质环境越来越优越，同时也接触大量良莠不齐的信息，由于幼儿年龄小，对信息的甄别能力差，很容易受到不良影响。我们应当让他们从小认识行为规范，分辨是非，分清荣辱，辨别美丑，提高遵守行为规范的意识，养成遵守行为规范的习惯。

（3）有助于幼儿健全人格的构建

人格是教育的核心，幼儿时期是人格培养的关键期。引导幼儿遵守基本的行为规范有助于幼儿养成好的学习、生活、行为、卫生习惯，在集体和社会中可以发展和谐的人际关系，获得更高的归属感、自我价值感和自我效能感，形成健全美好的人格。

三、幼儿社会规范指导的原则

（1）内容选择要注意科学性和正当性。

（2）实施过程要注意坚持"做中学"，注意反复性、长期坚持。

（3）引导幼儿遵守社会规范的同时，要尊重学前儿童的天性和权利，给予幼儿合理的自由。

（4）对于不同的规范类型施以不同的教育方法。

知识点拨

学前儿童遵守社会规范的观察要点

小班幼儿对社会规则已经有了初步的认知，能做简单的道德判断，判断往往依据事物后果的大小，而忽略事物背后的动机。中班幼儿知道更多的社会规则和行为规范，并且能够体会他人的情绪反应，能更多理解、接受和遵守各种规则。大班幼儿能够从事物背后的动机来进行道德判断，但是仍然相信权威，表现出对他人心理状态的关心；规则意识逐步形成，但还会表现出自我中心。

一、3~4岁幼儿

（1）是否能在提醒下遵守游戏和公共场所的规则。

（2）是否知道不经允许不能拿别人的东西，借别人的东西要归还。

（3）是否能在成人提醒下爱护玩具和其他物品。

二、4~5岁幼儿

（1）是否能感受规则的意义，基本遵守规则。

（2）是否能不私自拿不属于自己的东西。

（3）是否知道说谎是不对的。

（4）是否知道接受了的任务要努力完成。

（5）是否能在提醒下节约粮食、水电等。

三、5~6岁幼儿

（1）是否能理解规则的意义，与同伴协商制定游戏和活动规则。

（2）是否爱惜物品，用别人的东西时也知道爱护。

（3）做了错事是否敢于承认，不说谎。

（4）是否能认真负责地完成自己所接受的任务。

（5）是否爱护身边的环境，注意节约资源。

知识点拨

影响学前儿童社会规范养成的因素

一、认知能力有限

社会行为规范相对比较抽象，学前儿童由于年龄小，认知能力有限，他们对社会规范的感知、理解和记忆都需要一个过程。比如告诉小班的孩子，教师讲课的时候不要说话，但是他们可能认为教师讲课的时候可以唱歌，因为在他们的认知里唱歌和说话不一样。

二、自控能力差

自控力是一种自觉的能动力量，在遵守社会规范中起到重要作用。学前儿童由于年龄特点，不能很好地控制自己的情绪、愿望和兴趣，调控自身行为的能力较弱，在社会规范的学习和实践中存在一定的困难。

三、缺乏应用与练习的环境

遵守社会行为规范需要不断重复的练习才能形成习惯，成年人如果没有为幼儿创造适宜的、充足的社会行为规范应用和练习的环境，就会造成学前儿童对社会规范缺少正确的感知和认识，也不利于良好行为的习得。

四、规则意识有待形成和提高

规则既是对人们社会行为的约束，也是对社会更好地运行、人们更好地交往的必要保障，学前儿童对遵守社会行为规范的重要性的认识和体会不足，还没有形成主动遵守规则、规范的意识。

五、家长和教师不够重视

受一些功利思想的影响，家长和教师将注意力集中于学前儿童认知和各种技能提升，没有意识到培养幼儿遵守社会规范的重要性，没有有计划、有针对性地对学前儿童进行遵守社会规范的教育和指导。有的家长甚至还存在孩子还小，应当接受特殊照顾，不受社会规范约束的错误思想。

六、家长和教师指导方法不当

家长和教师不了解各年龄段幼儿的心理和生理特点以及教育规律，缺乏幼儿行为观察的相关知识，经常使用说教、训斥等简单粗暴的方法，对学前儿童社会规范的培养缺乏科学性和针对性。

📖 知识点拨

培养学前儿童遵守社会规范的指导策略

学前时期是培养学前儿童遵守社会规范的关键时期，教师和家长应细心观察幼儿的行为，找到存在的问题，有针对性地进行科学的指导。

一、示范引导

教师和家长要言行一致，时时处处遵守社会行为规则，为幼儿树立良好的榜样。如答应幼儿的事一定要说到做到、不插队、尊老爱幼、爱护公共环境、爱惜粮食、

节约水电纸张等。

二、结合实际

结合社会生活实际，帮助幼儿了解基本行为规则或其他游戏规则，体会规则的重要性，学习自觉遵守规则。如不乱扔垃圾、公共场合不大声喧哗，引导幼儿体会如果大家都不遵守规则的后果。

三、游戏强化

经常和幼儿玩规则性强的游戏，如丢沙包、木头人等，事先共同约定游戏规则，游戏中坚持遵守规则，不断强化规则意识，形成遵规守纪的习惯。

四、用好绘本

利用实际生活情境和图书故事，向幼儿介绍一些必要的社会行为规则以及为什么要遵守这些规则。如上厕所要排队；对于老师的提问，回答问题要举手，可以用绘本、故事等幼儿感兴趣的形式提高幼儿对社会行为规则的理解和认识，知道怎样做，也知道为什么这样做。

五、创设情境

在幼儿园的区域活动中，创设情境，如超市结账不排队，玩秋千不轮流排队、不限制时间和次数，让幼儿体会没有规则的不方便，鼓励他们讨论制定规则并自觉遵守。

六、及时评价

对幼儿表现出的遵守规则的行为要及时肯定，对违规行为给予纠正。如发现幼儿爱惜粮食、水、纸张等资源时要表扬肯定；发现幼儿损害别人的物品或公共物品时要及时制止并主动赔偿。对幼儿诚实守信的行为要及时肯定，发现幼儿说谎时，要告诉幼儿说谎是不对的，同时反思调整教育行为，帮助幼儿诚实守信。

七、家园合作

学前儿童社会规范的培养需要家庭和幼儿园的密切配合，幼儿教师应帮助家长认识到培养学前儿童遵守社会规范对幼儿成长的重要性，指导家长在家庭生活中培养孩子遵守社会规范的方法，形成合力，共促幼儿发展。

任务实操6-3

1. 阅读案例 6-3，分组讨论，如果你是乒乓的教师，针对案例中的几个场景你将怎样具体指导乒乓？

2. 请针对乒乓的情况为其制定一个系统的指导方案并填入本项目末的活页中。

课后提升

巩固提升

一、判断题（请在你认为正确的题目后打"√"，错误的打"×"）

1. 培养学前儿童遵守社会规范主要依靠幼儿教师的努力。（　　）

2. 人际交往有助于儿童积极健康个性的养成和儿童语言领域的学习与发展。

（　　）

3. 家长对培养学前儿童人际交往能力的重要性认识不足是影响其人际交往能力的主要因素之一。（　　）

4. 我们可以用与其他幼儿的优点做比较的方法激励幼儿养成自尊、自主的品质。（　　）

5. 帮助幼儿了解基本行为规则要结合社会生活实际。（　　）

二、请绘制本项目思维导图

请在单独页面绘制思维导图。

拓展资源

1. 扫码观看幼儿接受社会规范的过程

2. 经典推介

纪录片《小人国》

（以下两页可拆下用于完成任务）

扫码学习 6.3 幼儿接受
社会规范的过程微课

✦ 任务实操活页

任务实操6-1

1. 要想全面了解先导案例中心怡的人际交往情况，需要从哪些方面进行观察？请尝试制订观察计划。

_____

_____

_____

_____

_____

_____

_____

2. 请针对先导案例中心怡的情况，制定一个方案，帮助心怡提高参与人际交往的意愿和技能。

_____

_____

_____

_____

_____

_____

_____

任务实操6-2

1. 阅读案例 6-2，分组讨论，如果你是桃桃的教师，针对案例中的 4 个场景你将怎样具体指导桃桃？

_____

_____

_____

_____

_____

2. 请针对桃桃的情况为其制定一个系统的指导方案。

_____

_____

_____

_____

_____

_____

_____

任务实操6-3

1. 阅读案例 6-3，分组讨论，如果你是乒乓的教师，针对案例中的几个场景你将怎样具体指导乒乓？

_____

_____

_____

_____

_____

_____

_____

_____

2. 请针对乒乓的情况为其制定一个系统的指导方案。

_____

_____

_____

_____

_____

_____

_____

_____

✦ 任务实操考核评价

班级＿＿＿＿＿　组别＿＿＿＿＿　姓名＿＿＿＿＿　学号＿＿＿＿＿　日期＿＿＿＿＿　评价项目＿＿＿＿＿

评价阶段	评价内容	分值	佐证材料	学生自评	小组互评	教师评价	平台数据
课前自学	"在线学习"完成度	10	平台数据				
	自学自测	10	是否完成测试题				
课中实训	任务实操6-1完成情况	20	实操作业				
	任务实操6-2完成情况	20	实操作业				
	任务实操6-3完成情况	20	实操作业				
	培养高素质公民的责任感和使命感	5	是否具备为国家和社会培养高素质公民的责任感和使命感				
	为幼儿长远发展负责的耐心与爱心	5	是否能立足学前儿童长远发展，体现耐心与爱心				
课后提升	巩固提升	5	平台数据				
	拓展资源	5	平台数据				
项目得分			教师签名				

　　评价说明：项目评价分值仅供参考，教师可以根据实际情况进行调整。在本项目完成之后，由任课教师主导，采用过程性评价与结果评价相结合，综合运用自我评价、小组评价和教师评价三种方式，由教师确定三种评价方式分别占总成绩的权重，计算出学生在本项目的考核评价得分（平台数据完成的打"√"，未完成的打"×"）。

项目七
学前儿童科学领域行为观察与指导

项目概述

本项目主要学习学前儿童科学领域行为观察与指导，通过案例学习学前儿童探索、数学认知等行为的观察、分析与指导。

学习目标

素质目标：

1. 强化培养学前教育工作者科技兴国的责任感和使命感；
2. 培养科学严谨的治学态度。

知识目标：

1. 了解学前儿童科学领域行为观察与指导内容；
2. 掌握学前儿童探索、数学认知等行为的观察要点；
3. 掌握学前儿童科学领域行为的分析方法；
4. 掌握学前儿童科学领域行为的指导方法。

能力目标：

1. 能够根据学前儿童科学领域的观察目的做好观察准备、制订观察计划；
2. 能够科学规范地对学前儿童科学领域行为进行观察和记录；
3. 能够对学前儿童科学领域行为观察的结果进行分析，制定指导方案，促进学前儿童科学领域的学习与发展。

案例导入

【案例 7-1】

为了培养幼儿的观察能力和探索能力，大班的小李老师设计了观察种子发芽的活动：将绿豆、花生、黄豆泡水后，盖上湿润的纱布，每天观察它们发芽的情况。教师发现幼儿虽然照着老师的要求泡了豆子，盖上了纱布，但是多数孩子都是在教师的提醒下才去观察种子的发芽情况，而且往往只是看一下，就明显失去了兴趣。

这和小李老师之前设想的幼儿会对种子发芽非常感兴趣，会抢着观察探索的预想相差很远。她需要做些什么工作来改进呢？

课前自学

知识点拨

学前儿童科学领域学习与发展概述

学前儿童的科学学习是在探究具体事物和解决实际问题中，尝试发现事物间的异同和联系的过程。幼儿在对自然事物的探究和运用数学解决实际生活问题的过程中，不仅获得丰富的感性经验，充分发展形象思维，而且初步尝试归类、排序、判断、推理，逐步发展逻辑思维能力，为其他领域的深入学习奠定基础。

学前儿童科学学习的核心是激发探究兴趣，体验探究过程，发展初步的探究能力。成人要善于发现和保护幼儿的好奇心，充分利用自然和实际生活机会，引导幼儿通过观察、比较、操作、实验等方法，学习发现问题、分析问题和解决问题；帮助幼儿不断积累经验，并运用于新的学习活动，形成受益终身的学习态度和能力。

学前儿童的思维特点是以具体形象思维为主，应注重引导幼儿通过直接感知、亲身体验和实际操作进行科学学习，不应为追求知识和技能的掌握，对幼儿进行灌输和强化训练。

学前儿童科学领域行为观察与指导的重要性

一、学前儿童科学领域的学习与发展是社会持续发展的需要

人类社会要进步，必然需要具有良好科学素质的公民。从学前阶段开始对幼儿进行有目的、有计划的科学启蒙，为培养科技人才和具有良好科学文化的劳动者奠定基础，是社会持续发展的需要。

二、科学领域的学习与发展是学前儿童自身发展的需要

（1）学前儿童科学素养的早期养成为其未来科学能力发展奠定基础

① 有利于学前儿童对科学积极情感的产生。通过学前儿童科学领域行为观察与指导，可以更好地激发学前儿童的好奇心、对科学的兴趣和对周围世界的积极态度。兴趣是最好的老师，培养学前儿童学习科学的主动性，激发他们的求知欲，有利于幼儿未来的科学学习。

② 有助于学前儿童获取丰富的感性经验。学前儿童认知能力有限，生活经验不足，所获得的经验往往是片面、孤立、朦胧的，甚至是错误的。通过科学领域行为观察与指导，可以为幼儿创设丰富的环境，扩大、丰富学前儿童的科学知识，帮助其科学知识条理化、系统化，逐步在探究活动中发现事物间的关系和规律。

③ 有利于学前儿童优化科学认知结构。通过学前儿童科学领域行为观察与指导，

可以引导幼儿对材料进行搜集、组合、比较、归类，通过不断的尝试和总结，有利于幼儿自主地构建科学经验，帮助幼儿将具体、丰富但零散、孤立的科学经验转化为概念化的认知结构，有利于学前儿童更好地记忆与学习。

④ 促进学前儿童探究能力的发展。通过学前儿童科学领域行为观察与指导，可以引导幼儿主动认识和探究事物的内在规律和相互联系，为培养高素质的科学研究人才奠定基础。

（2）促进幼儿的语言表达能力和交往能力

通过科学教育活动，教师可以引导幼儿分享和讨论对事物进行观察、探究、思考、尝试和体验的认识，促进幼儿间的语言交流，提高他们的语言组织能力和表达能力，在分享、协商、合作中提高幼儿的交往能力。

三、通过行为观察有针对性地、高效地指导科学领域的学习与发展

通过行为观察（图 7-1），可以评估学前儿童在科学领域的学习与发展水平，也有利于发现学前儿童在科学领域的学习与发展过程中存在的问题，有利于教师根据幼儿的发展水平和存在的问题，有针对性地制定指导措施，更好地促进学前儿童在科学领域的学习与发展。

图 7-1　幼儿科学实验照片

📖 知识点拨

学前儿童科学领域学习与发展的主要目标

一、《纲要》中的科学领域目标

（1）对周围的事物、现象感兴趣，有好奇心和求知欲。

（2）能运用各种感官，动手动脑，探究问题。

（3）能用适当的方式表达、交流探索的过程和结果。

（4）能从生活和游戏中感受事物的数量关系并体验到数学的重要和有趣。

（5）爱护动植物,关心周围环境,亲近大自然,珍惜自然资源,有初步的环保意识。

二、《指南》中的科学领域目标

（1）科学探究

① 亲近自然,喜欢探究。

② 具有初步的探究能力。

③ 在探究中认识周围事物和现象。

（2）数学认知

① 初步感知生活中数学的有用和有趣。

② 感知和理解数、量及数量关系。

③ 感知形状与空间关系。

扫码学习 7.1　学前儿童
科学领域学习与发展观
察与指导概述微课

自学自测

一、填空题

1. 学前儿童科学学习的核心是激发（　　　）,体验（　　　）,发展初步的（　　　）。

2. 学前儿童的思维特点是以（　　　）为主,应注重引导幼儿通过（　　　）、（　　　）和（　　　）进行科学学习。

二、简答题

1. 学前儿童科学领域学习与发展的主要目标是什么?

2. 为什么说科学领域的学习与发展是学前儿童自身发展的需要?

课中实训

实训目标

1. 能够了解学前儿童社会科学领域行为观察的内容。

2. 能够通过行为观察评估学前儿童科学领域学习和发展的情况及存在的问题。

3. 能够分析学前儿童科学领域学习和发展问题产生的原因。

4. 能够根据行为观察与分析的结果,制定指导措施,促进学前儿童科学领域学习和发展。

5. 强化培养有创新素质、科学精神和环保意识的人才的责任心。

实训内容

任务一　掌握学前儿童探究行为观察与指导

任务二　掌握学前儿童数学认知行为观察与指导

实训条件

实训条件如表 7-1 所示。

表 7-1　项目七实训条件

名　　称	实 训 条 件	要　　求
实训环境	理实一体化教室	校园网无线 Wi-Fi，可在线观看线上资源
物品准备	1. 签字笔； 2. 记录本（活页）； 3. 问卷量表； 4. 手机或平板电脑等录音录像设备； 5. 学前儿童科学领域活动材料（器材、玩具、教具、绘本等）； 6. 学前儿童科学领域活动影像资料	活动材料充足，满足前儿童科学领域学习和发展需求
知识准备	1. 具备学前儿童科学领域的相关知识； 2. 初步具备学前儿童科学领域行为观察与指导的技能	理解记忆相关知识点

实训步骤

1. 设计学前儿童探究行为观察计划。
2. 分析学前儿童探究行为问题产生的原因并制定指导方案。
3. 为幼儿设计一个数学认知行为观察记录表。
4. 分析幼儿数学认知行为问题产生的可能原因并制定指导方案。

任务一　掌握学前儿童探究行为观察与指导

情境导入

在案例 7-1 中，大班的小李老师为了培养幼儿的观察能力和探索能力，设计了观察种子发芽的活动，但是幼儿在活动中的表现和小李老师的预期相差很远，活动的效果不理想，没有完成活动目标。小李老师需要做些什么来改善这种情况呢？

任务提示

1. 培养学前儿童探究行为有什么重要性？
2. 学前儿童探究行为有哪些观察要点？
3. 影响学前儿童探究能力发展的因素有哪些？

4.培养学前儿童探究行为指导的策略有哪些?

知识点拨

培养学前儿童探究能力的重要性

《纲要》指出:"科学教育的价值取向不再是注重静态知识的传递,而是注重儿童的情感态度和儿童的探究、解决问题的能力。"通过行为观察与指导培养幼儿的探究能力,体验发现的乐趣,养成不屈不挠、敢于冒险、保持好奇、勇于创新的科学态度具有重大意义。

一、有助于培养幼儿发现问题、提出问题的能力

爱因斯坦曾经说过,提出一个问题,往往比解决一个问题重要。海森堡指出,提出正确的问题往往等于解决了问题的大半。幼儿是天生的探究者。他们从出生起就动用所有的感官去感知、探索周围的环境和事物,充满了好奇心,当发现他们感兴趣的东西就会想方设法寻找答案。引导幼儿发现问题,鼓励幼儿提出问题,正确对待他们的提问,有利于培养他们发现问题、提出问题的能力。

二、有利于培养学前儿童猜测与假设的能力

猜测和假说是科学发展的必由之路,牛顿曾经说过:"没有大胆的猜测,就做不出伟大的发现。"通过行为观察与指导培养幼儿的探究能力,引导幼儿主动、大胆地对发现的问题进行假设和猜测,考虑和探索多种解决问题的方法,引导从多种途径收集证据,逐渐学习初步运用科学概念并去验证假设和猜测,且能与教师和小伙伴分享交流自己的想法和成果。通过行为观察与指导让幼儿更好地体验探究的乐趣,初步掌握探究的能力,可以为培养未来的创新型人才打下基础。

三、有助于培养学前儿童操作实践的能力

实际动手能力和实验能力是未来高素质科学研究人才的重要素质。通过行为观察与指导培养动手操作和初步的实验能力,增强科学知识的感性认识,有利于培养幼儿的创新精神和实践能力,为成长为高素质人才打下基础。

知识点拨

学前儿童探究行为观察要点

参照《3~6岁学前儿童学习与发展指南》,学前儿童人际交往行为观察主要有以下几个要点。

一、亲近自然,喜欢探究

(1)3~4岁幼儿

①是否喜欢接触大自然,对周围的很多事物和现象感兴趣。

②是否经常问各种问题，或好奇地摆弄物品。

（2）4~5岁幼儿

①是否喜欢接触新事物，经常问一些与新事物有关的问题。

②是否常常动手动脑探索物体和材料，并乐在其中。

（3）5~6岁幼儿

①是否对自己感兴趣的问题总是刨根问底。

②是否能经常动手动脑寻找问题的答案。

③探索中有所发现时是否感到兴奋和满足。

二、具有初步的探究能力

（1）3~4岁幼儿

①对感兴趣的事物是否能仔细观察，发现其明显特征。

②是否能用多种感官或动作去探索物体，关注动作所产生的结果。

（2）4~5岁幼儿

①是否能对事物或现象进行观察比较，发现其相同与不同。

②是否能根据观察结果提出问题，并大胆猜测答案。

③是否能通过简单的调查收集信息。

④是否能用图画或其他符号进行记录。

（3）5~6岁幼儿

①是否能通过观察、比较与分析，发现并描述不同种类物体的特征或某个事物前后的变化。

②是否能用一定的方法验证自己的猜测。

③在成人的帮助下是否能制订简单的调查计划并执行。

④是否能用数字、图画、图表或其他符号记录。

⑤探究中是否能与他人合作与交流。

三、在探究中认识周围事物和现象

（1）3~4岁幼儿

①是否认识常见的动植物，是否能注意并发现周围的动植物是多种多样的。

②是否能感知和发现物体与材料的软硬、光滑和粗糙等特性。

③是否能感知和体验天气对自己生活和活动的影响。

④是否初步了解和体会动植物与人们生活的关系。

（2）4~5岁幼儿

①是否能感知和发现动植物的生长变化及其基本条件。

②是否能感知和发现常见材料的溶解、传热等性质或用途。

③是否能感知和发现简单物理现象，如物体形态或位置变化等。

④是否能感知和发现不同季节的特点，体验季节对动植物和人的影响。

⑤是否能初步感知常用科技产品与自己生活的关系，知道科技产品有利也有弊。

（3）5~6岁幼儿

①是否能察觉到动植物的外形特征、习性与生存环境的适应关系。

②是否能发现常见物体的结构与功能之间的关系。

③是否能探索并发现常见的物理现象产生的条件或影响因素，如影子、沉浮等。

④是否能感知并了解季节变化的周期性，知道变化的顺序。

⑤是否能初步了解人们的生活与自然环境的密切关系，是否知道尊重和珍惜生命，保护环境。

说明： 以上要点只是学前儿童探究行为观察的主要内容，通常不可直接作为行为检核表来观察评价幼儿的行为，每一项观察内容都需要在一定情境下来观察，才有可能更接近幼儿的真实情况。因此在实施观察之前需要提前了解所要观察的目标行为的观察要点，了解该行为通常出现在什么样的场景，有时还需要进一步细化并给出操作定义。例如关于"5~6岁幼儿是否知道尊重和珍惜生命"的观察，应事先通过预观察列出幼儿"是否知道尊重和珍惜生命"操作定义。

📖 知识点拨

影响学前儿童探究能力发展的因素

一、教师和家长对培养学前儿童探究能力的重要性认识不足

由于探究能力的内隐性，教师和家长对培养学前儿童探究能力的重要性认识不足。很多教师和家长只注重幼儿对科学知识的理解和记忆，忽视对学前儿童探究能力的培养。如家长热衷于让孩子机械性识记一年四季，却没有引导幼儿探究季节的变化规律。

二、教师和家长培养儿童探究能力的经验不足

教师和家长由于缺乏培养学前儿童探究能力的经验，或者对幼儿认知规律不熟悉，因而不能有意识地关注儿童探究能力，在培养儿童探究能力方面缺乏经验和适宜的方法。如家长在幼儿对事物、现象发生兴趣提问时，没有认真对待，对幼儿的问题敷衍了事，打击了幼儿探究的积极性。

三、缺乏培养儿童探究能力的环境和材料

幼儿园和家庭没有有意识地为幼儿进行科学探究创设适宜的环境，在活动中材料投放不科学、不充足。如材料以高结构性材料为主，不利于幼儿进行操作探究。

知识点拨

学前儿童探究行为指导的策略

一、通过观察捕捉幼儿兴趣点，激发幼儿的探究欲望

幼儿好奇心强，看到一些事物喜欢问一问，动一动，在日常生活和保教工作中，教师要善于通过观察捕捉幼儿的兴趣点，利用好偶发性科学活动，及时抓住教机，因势利导，引导幼儿进行探究。也可以为幼儿提供一些有趣的探究工具，用自己的好奇心和探究积极性感染和带动幼儿。和幼儿一起发现并分享周围新奇、有趣的事物或现象，一起寻找问题的答案。通过拍照和画图等方式保留和积累有趣的探索与发现。

二、接纳鼓励探索行为，提供必要的支持

幼儿对事物的认知是通过他们自身的感知和活动形成的，操作探究为幼儿学习寻求答案和解决问题的方法提供了机会。教师和家长应真诚地接纳、多方面支持和鼓励幼儿的探索行为。认真对待幼儿的问题，引导他们猜一猜、想一想，积极创造条件和幼儿一起做一些简易的调查或有趣的小实验。在保障安全的前提下，容忍幼儿因探究而弄脏、弄乱、甚至破坏物品的行为，引导他们活动后做好收拾整理。多为幼儿选择一些能操作、多变化、多功能的玩具材料或废旧材料，在保证安全的前提下，鼓励幼儿拆装或动手自制玩具。

三、引导幼儿观察事物，培养分类、概括能力

教师和家长应当有意识地引导幼儿观察周围事物，学习观察的基本方法，培养观察与分类能力。支持幼儿自发的观察活动，对其发现表示赞赏。通过提问等方式引导幼儿思考并对事物进行比较观察和连续观察。引导幼儿在观察和探索的基础上，尝试进行简单的分类、概括，如根据运动方式给动物分类，根据生长环境给植物分类，根据外部特征给物体分类，等等。

四、注意角色定位，提供适当指导

对年龄幼小的幼儿来说，探究的过程要比探究所得的结果更为重要，教师需要注意在幼儿的探究活动中的角色定位。教师只是活动的引导者、参与者、帮助者，而不是决策者和指挥者，在幼儿的探究过程中应适当放手，给予幼儿思考猜测的空间和大胆尝试的机会。有些教师在一些科学小实验中，过分强调实验的标准化和实验结果，反而挫伤了幼儿科学探究的积极性，是舍本逐末的行为，起不到指导幼儿科学探究的效果。

五、充分利用大自然和真实场景

教师和家长应经常带幼儿接触大自然，利用散步、远足、采集等活动激发其好奇心与探究欲望。支持幼儿在接触自然、生活事物和现象中积累有益的直接经验和感性认识。如和幼儿一起通过户外活动、参观考察、种植和饲养活动，感知生物的多样性和独特性以及生长发育、繁殖和死亡的过程。同时，在保障安全的前提下，鼓励幼儿在现实生活中进行科学探索，如面粉经过发酵制作面包的过程，融合了物理、生物、营养等科学知识。

六、支持幼儿积极动手操作，提供直观经验

支持和鼓励幼儿在探究的过程中积极动手动脑寻找答案或解决问题，如鼓励幼儿根据观察或发现提出值得继续探究的问题。成人提出有探究意义且能激发幼儿兴趣的问题，如所有的东西放到水里都会飘起来吗？怎样让橡皮鸭沉入水底？支持和鼓励幼儿大胆联想、猜测问题的答案，并设法验证，如观察植物发芽生长时，鼓励幼儿猜测阳光、空气、水等原条件对植物生长的影响，并实际去验证。支持、引导幼儿学习用适宜的方法探究和解决问题，或为自己的想法收集证据，如想证明风的方向与气球飘动的位置相关，可以利用小实验来验证。

七、引导幼儿做计划、记录与交流

鼓励和引导幼儿学习做简单的计划和记录，并与他人交流分享。如和幼儿共同制订调查计划，讨论调查对象、步骤和方法等，也可以和幼儿一起设法用图画、箭头等标识呈现计划。鼓励幼儿用绘画、照相、做标本等办法记录观察和探究的过程与结果，注意要让记录有意义，通过记录帮助幼儿丰富观察经验、建立事物之间的联系和分享发现。帮助幼儿回顾自己的探究过程，讨论自己做了什么，怎么做的，结果与计划目标是否一致，分析一下原因以及下一步要怎样做等。

八、引导幼儿发展探究过程中的合作能力

支持幼儿与同伴分工和合作进行探究，一起分享交流，引导他们在交流中尝试整理、概括自己探究的成果，体验合作探究和发现的乐趣。如和小伙伴一起讨论和分享自己的问题与发现，一起想办法收集资料和验证猜测。交流也是探究过程中的重要步骤，是对探究过程及结果的表达，通过探究中的合作交流，促使幼儿合作能力的发展。

扫码学习 7.2 学前儿童探究行为指导的策略微课

任务实操7-1

1. 请根据案例 7-1，帮助小李老师设计一个行为观察计划。
2. 请针对案例 7-1 的情况，分析问题可能的原因并制定指导方案，填入本项目末的活页中。

任务二　掌握学前儿童数学认知行为观察与指导

情境导入

【案例7-2】

大班的姜老师发现煦煦在拍球的时候总是数错，老师让他分水果时，如果水果和小朋友数量不相同，他会不知所措。但是煦煦在数学启蒙课上，却能很快说出10以内加减法的答案。老师又测试了两位数的加减法，他也对答如流。姜老师询问了煦煦的妈妈，了解到为了提高煦煦的数学能力，妈妈给他报名参加了珠心算的培训班。那么，煦煦的数学能力到底发展得好不好呢？如果要进一步全面观察煦煦的数学认知情况，还需要做哪些工作？

任务提示

1. 提高学前儿童数学认知有什么重要性？
2. 学前儿童数学认知行为有哪些观察要点？
3. 影响学前儿童数学能力发展的因素有哪些？
4. 培养学前儿童数学能力指导的策略有哪些？

知识点拨

提高学前儿童数学认知的重要性

数学是基础教育的一门主要学科，是现代科学技术的基础和重要工具，广泛应用于科学技术、工业生产决策和管理领域。在艺术领域、社会学领域和日常生活中数学也无处不在，能够帮助人们处理数据、进行计算、推理和证明，数学模型可以有效地描述自然现象和社会现象；数学为其他科学提供了语言、思想和方法。

一、数学是幼儿日常生活的需要

数学是我们生活中不可缺少的工具。学前儿童从出生起，就生活在社会和物质的世界中，环境中的物体均表现为一定的数量、形状、大小，并以一定的空间形式存在，如红色的衣服，一双袜子，球形的皮球，圆形的饼干，圆环形的面包圈，五颜六色、形色各异的积木，不同长短和粗细的吸管等。同时在幼儿生活的环境中，还会接触到配对、集合、分类、排序等数学概念，如将玩具按颜色、材料、大小等有不同的分类方法。

二、数学是引导幼儿正确认识世界的需要

学前儿童在进行数学活动时，思维受到这门严谨科学的影响，有助于逻辑思维

的初步形成和发展，而逻辑思维是幼儿正确认识周围世界必不可少的思维方式。

三、数学有助于培养幼儿的好奇心和探究欲

通过细心观察和科学指导，有助于学前儿童从生活和游戏中感受事物的数量关系并体验到数学的重要和有趣，激发幼儿的探究兴趣，体验成就感，培养初步的探究能力。

四、数学有助于幼儿思维能力和思维品质的培养

数学启蒙能使幼儿学会用抽象化的方法解决生活中的具体问题，能够发现生活中的数学，认识到数学和生活的联系，从而初步建立起数学的思维方式。同时，数学启蒙能帮助培养幼儿的抽象思维能力，促进其逻辑思维的发展。

五、数学启蒙为学前儿童未来学习打下坚实基础

数学是基础教育中的一门重要课程，同时也是现代科学技术的基础和工具，在学前阶段对幼儿进行数学启蒙教育有利于他们初步获得数学的学习和发展（图 7-2），为将来顺利地适应小学学习做好准备。

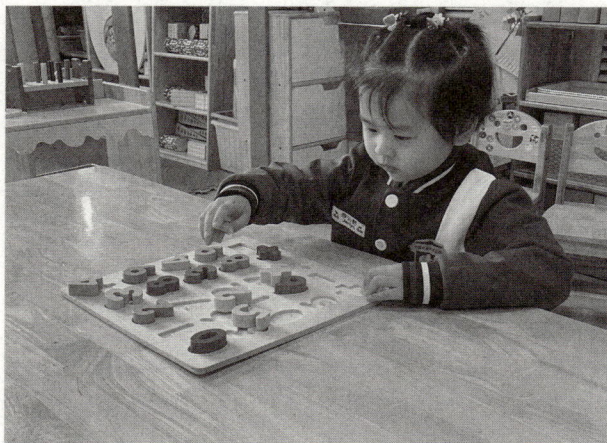

图 7-2　幼儿数学游戏照片

知识点拨

学前儿童数学认知行为观察要点

参照《3~6 岁学前儿童学习与发展指南》和《幼儿园教育指导纲要》，学前儿童数学认知行为观察主要有以下要点。

一、初步感知生活中数学的有用和有趣

（1）3~4 岁幼儿

① 是否能够感知和发现周围物体的形状是多种多样的，对不同的形状感兴趣。

②是否能够体验和发现生活中很多地方都用到数学。

（2）4~5岁幼儿

①在指导下，是否能够感知和体会有些事物可以用形状来描述。

②在指导下，是否能够感知和体会有些事物可以用数来描述，对环境中各种数字的含义有进一步探究的兴趣。

（3）5~6岁幼儿

①是否能发现事物简单的排列规律，并尝试创造新的排列规律。

②是否能发现生活中许多问题都可以用数学的方法来解决，体验解决问题的乐趣。

二、感知和理解数、量及数量关系

（1）3~4岁幼儿

①是否能感知和区分物体的大小、多少、高矮、长短等量方面的特点，并能用相应的词表示。

②是否能通过一一对应的方法比较两组物体的多少。

③是否能手口一致地点数5个以内的物体，并能说出总数，能按数取物。

④是否能用数词描述事物或动作，如我有4本图书。

（2）4~5岁幼儿

①是否能感知和区分物体的粗细、厚薄、轻重等量方面的特点，并能用相应的词语描述。

②是否能通过数数比较两组物体的多少。

③是否能通过实际操作理解数与数之间的关系，如5比4多1；2和3合在一起是5。

④是否会用数词描述事物的排列顺序和位置。

（3）5~6岁幼儿

①是否能够初步理解量的相对性。

②借助实际情境和操作（如合并或拿取）是否能够理解"加"和"减"的实际意义。

③是否能通过实物操作或其他方法进行10以内的加减运算。

④是否能用简单的记录表、统计图等表示简单的数量关系。

三、感知形状与空间关系

（1）3~4岁幼儿

①是否能注意物体较明显的形状特征，并能用自己的语言描述。

②是否能感知物体基本的空间位置与方位，理解上下、前后、里外等方位词。

（2）4~5岁幼儿

①是否能感知物体的形体结构特征，画出或拼搭出该物体的造型。

②是否能感知和发现常见几何图形的基本特征，并能进行分类。

③是否能使用上下、前后、里外、中间、旁边等方位词描述物体的位置和运动

方向。

（3）5~6 岁幼儿

① 是否能用常见的几何形体有创意地拼搭和画出物体的造型。

② 是否能按语言指示或根据简单示意图正确取放物品。

③ 是否能辨别自己的左右。

说明： 以上要点只是学前儿童数学认知行为观察的主要内容，通常不可直接作为行为检核表来观察评价幼儿的行为，每一项观察内容都需要在一定情境下来观察，才有可能更接近幼儿的真实情况。因此在实施观察之前需要提前了解所要观察的目标行为的观察要点，了解该行为通常出现在什么样的场景，准备好必要的物品，有时还需要进一步细化并给出操作定义。例如对"4~5 岁幼儿是否能感知和区分物体的粗细、厚薄、轻重等量方面的特点，并能用相应的词语描述。"观察前，应事先准备好观察测试需要的不同粗细、厚薄、轻重物品或者利用幼儿园的环境中的物品、家具等。

知识点拨

影响学前儿童数学认知行为发展的因素

一、家长对培养学前儿童数学能力的重要性认识不足

家长由于教育知识不足，对培养儿童数学能力的重要性认识不足。很多家长认为学前儿童数学教育就是培养计算能力，没有认识到数学思维和数学能力的培养对学前儿童一生的发展都有着重大影响。

二、成人欠缺培养儿童数学能力的有效方法

家长和教师缺乏培养儿童数学能力的有效方法和行为观察的知识，对幼儿的数学启蒙以死记硬背和脱离实际生活的计算为主，不符合幼儿认知规律，不但起不到提高兴趣，促进思维的作用，反而使幼儿对数学更加排斥。

三、缺乏培养儿童数学能力的环境和机会

学前儿童数学思维和数学能力需要在实际生活中通过科学指导，反复实践，才能逐渐获得。如果教师和家长不能有意识地为幼儿创设培养数学能力的环境和机会，会影响学前儿童数学思维和能力的发展。

知识点拨

促进学前儿童数学认知的策略

学前儿童数学的学习和发展，不仅仅局限于数的知识、概念和技能的习得，而是要使幼儿真正理解和运用所学的数学知识，促进其综合性认知能力的发展。

一、创设环境，激发兴趣

为幼儿创设适宜的数学学习环境，充分利用生活环境中的数学现象，引导幼儿对周围环境中的数、量、形、时间和空间等现象产生兴趣，建构初步的数学概念，并学习用简单的数学方法解决生活和游戏中某些简单的问题。

二、操作实践，加深理解

教师应遵循幼儿为主体的原则，根据幼儿认知特点，将数学与幼儿实际生活的方方面面相结合，组织多种多样的具体操作和实践活动以促进幼儿数学认知的发展。通过反复的操作获取直观经验，有利于幼儿逐步理解数学的抽象概念。

三、加强观察，关注发展

教师在设计数学活动前，应认真观察并评估幼儿的发展水平，结合考虑幼儿的接受能力来考虑活动内容和要求，同时还应着眼于促进幼儿的全面发展，兼顾其他领域的学习与发展。

四、师幼互动，尊重接纳

教师要与幼儿平等交流，师幼积极互动，善于肯定学前儿童数学学习及活动过程中的成功之处，增强幼儿的自信心，鼓励他们克服各种困难，通过努力领略成功的喜悦。通过赞扬、鼓励、肯定、安慰，使幼儿感受到被尊重、关爱、理解和接纳，使他们愿意参与数学学习。

五、引导表达，归纳经验

引导学前儿童积极参加小组合作和讨论，学习用多种方式表现、交流、分享数学认知的过程和结果，鼓励幼儿积极提出问题，大胆发表不同意见，学会尊重别人的观点和经验。在交流和合作中既提高了语言和社会交往能力，也有利于数学经验的归纳。

六、启蒙为主，循序渐进

家长和教师应充分认识到学前儿童的数学教育以启蒙为主，旨在激发兴趣，数学教育的目标和内容要科学合理。同时，要尊重幼儿的个体差异，循序渐进，不能操之过急，否则就会欲速则不达。

扫码学习 7.3 促进学前儿童数学认知的策略微课

任务实操7-2

1. 请为煦煦设计一个数学认知行为观察记录表。

2. 试针对案例 7-2 的情况，分析问题可能的原因并制定指导方案，填入本项目末的活页中。

课后提升

巩固提升

一、判断题（请在你认为正确的题目前打"√"，错误的打"×"）

1. 学前儿童科学教育的价值取向不应当是注重静态知识的传递，而是注重培养儿童的情感态度和探究、解决问题的能力。　　　　　　　　　　（　　）

2. 教师在科学小实验中应当耐心帮助幼儿，促进实验成功。（　　）

3. 学前儿童的数学教育以启蒙为主，旨在激发兴趣。（　　）

4. 学前儿童的数学认知需要反复大量练习。（　　）

5. 在数学认知中，鼓励幼儿交流合作，既可以提高语言和社会交往能力，也有利于数学经验的归纳。　　　　　　　　　　（　　）

二、请制作本项目思维导图

请在单独页面制作思维导图。

拓展资源

1. 科学领域绘本介绍
2. 经典推介
纪录片《影响世界的中国植物》
动画片《工作细胞》《门捷列夫很忙》
（以下两页可拆下用于完成任务）

扫码学习 7.4 科学
领域绘本介绍微课

✦ 任务实操活页

任务实操7-1

1. 请根据案例7-1，帮助小李老师设计一个行为观察计划。

_____

_____

_____

_____

_____

_____

_____

_____

_____

_____

_____

2. 请针对案例7-1的情况，分析问题可能的原因并制定指导方案。

_____

_____

_____

_____

_____

_____

_____

_____

_____

_____

任务实操7-2

1. 请为煦煦设计一个数学认知行为观察记录表。

2. 试针对案例 7-2 的情况分析问题可能的原因，并制定指导方案。

✦ 任务实操考核评价

班级_____ 组别_____ 姓名_____ 学号_____ 日期_____ 评价项目_____

评价阶段	评价内容	分值	佐证材料	学生自评	小组互评	教师评价	平台数据
课前自学	"扫码学习"完成度	10	平台数据				
	自学自测	10	是否完成测试题				
课中实训	任务实操7-1完成情况	30	实操作业				
	任务实操7-2完成情况	30	实操作业				
	科技兴国的责任感和使命感	5	是否具备作为学前教育工作者为国家和社会培养高素质科技人才的责任感和使命感				
	严谨的治学精神	5	是否具备一丝不苟的、严谨的治学精神				
课后提升	巩固提升	5	平台数据				
	拓展资源	5	平台数据				
项目得分			教师签名				

评价说明：项目评价分值仅供参考，教师可以根据实际情况进行调整。在本项目完成之后，由任课教师主导，采用过程性评价与结果评价相结合，综合运用自我评价、小组评价和教师评价三种方式，由教师确定三种评价方式分别占总成绩的权重，计算出学生在本项目的考核评价得分（平台数据完成的打"√"，未完成的打"×"）。

项目八
学前儿童艺术领域行为观察与指导

◎ 项目概述

本项目主要学习学前儿童艺术领域行为观察与指导，通过案例学习学前儿童艺术感受与欣赏、艺术表现与创造等行为的观察、分析与指导。

✎ 学习目标

素质目标：

1. 弘扬传统文化，增强文化自信；
2. 提高学前教育工作者培养具有较高艺术素养人才的责任感和使命感。

知识目标：

1. 了解学前儿童艺术领域行为观察与指导内容；
2. 掌握学前儿童艺术领域行为的观察要点；
3. 掌握学前儿童艺术领域行为的分析方法；
4. 掌握学前儿童艺术领域行为的指导方法。

能力目标：

1. 能够根据学前儿童艺术领域的观察目的做好观察准备、制订观察计划；
2. 能够科学规范地对学前儿童艺术领域行为进行观察和记录；
3. 能够对学前儿童艺术领域行为观察的结果进行分析，制定指导方案，促进学前儿童艺术领域的学习与发展。

▚ 案例导入

【案例 8-1】

为了促进幼儿之间的交往，鼓励分享行为，大二班的陈老师组织了一个"换一换我们的宝贝"活动，让小朋友从家里带来一些自己的宝贝和其他小朋友交换。很多小朋友带来了玩具、图书、零食等，活动开始后小朋友们饶有兴致地交换起来，并且开心地聊天。十分钟后，陈老师发现霜霜坐在自己的位置上哭了起来，便走过去，发现她带来了很多食品包装袋、树叶、还有一些五颜六色且大小不一的瓶盖。霜霜看到老师，哭着说："老师，他们说我这些都是垃圾。可这都是我攒了好长时间的宝贝……"陈老师蹲下来，轻声问她："这些都是你的宝贝啊，你为什么喜欢它们？""这些东西很漂亮，"霜霜说，"还能做好看的拼贴画。可是没有人愿意跟我换，还说这是垃圾……"陈老师说："霜霜先别着急，小朋友可能还不知道你这些宝贝有什么用处，你可以给他们讲讲吗？"霜霜立刻停止了哭泣，说："好的老师，我要讲讲！"陈老师大声说："小朋友们，霜霜这儿有一些特别的宝贝，我们请她来讲一讲吧！"霜霜先拿起她收藏的包装袋，对小朋友说："这是我的彩虹包装袋，你们看，这是红色，这是橙色，这是黄色，这是绿色……这七种颜色就是彩虹的颜色。这些绿色从浅到深有淡绿、嫩绿、深绿、墨绿。这几个盖子是莫兰迪色系。还有这些叶子你们看它们的颜色和花纹多漂亮，还有它们的锯齿多有意思！"霜霜一反刚才的沮丧，越说越开心。这时渐渐突然说："霜霜，我可以用这个纸黏土小兔子跟你换那些彩虹袋子吗？""我也想换！""我想换那些莫、莫……啥啥的盖子！"其他几个小朋友也争着说。

为什么陈老师在活动中虽然说话不多，却很快扭转了局面？

课前自学

知识点拨

学前儿童艺术领域学习与发展概述

艺术是人类文明与文化的重要标志之一，是人类感受美、表现美和创造美的重要形式，同时也是人类表达对周围世界的认识和情感的方式。

艺术存在于生活的方方面面，是学前儿童生活中不可缺少的部分。儿童具有热爱美的天性、纯真的心灵和追求美的本能。

《纲要》将"能初步感受并喜爱环境、生活和艺术中的美；喜欢参加艺术活动，并能大胆地表现自己的情感和体验；能用自己喜欢的方式进行艺术表现活动"作为学前儿童艺术领域的教育目标。

《指南》指出学前儿童艺术领域学习的关键在于充分创造条件和机会，在大自然和社会文化生活中萌发幼儿对美的感受和体验，丰富其想象力和创造力，引导幼儿学会用心灵去感受和发现美，用自己的方式去表现和创造美。

幼儿对事物的感受和理解不同于成人，他们表达自己的认识和情感的方式也有别于成人。幼儿独特的笔触、动作和语言往往蕴含着丰富的想象和情感，成人应对幼儿的艺术表现给予充分的理解和尊重，不能用自己的审美标准去评判幼儿，更不能为追求结果的"完美"而对幼儿进行千篇一律的训练，以免扼杀其想象力与创造力。

📖 知识点拨

学前儿童艺术领域行为观察与指导的重要性

学前儿童是国家未来的建设者，他们的思想品质和综合素养代表着未来社会的文明程度，提高学前儿童的艺术素养，对幼儿自身发展和社会发展都具有非常重要的意义。

一、艺术教育是塑造幼儿美好心灵的需要

在学前时期对幼儿进行艺术启蒙，以艺术之美感染幼儿，使他们热爱自然，热爱社会，热爱生活，塑造幼儿美好心灵。

二、艺术教育有助于培养幼儿健全人格

为学前儿童营造一个理想的教育环境，帮助幼儿区别美丑，提高幼儿的审美能力和创造美的能力，潜移默化地形成感性和理性意识的交融与和谐，有助于培养幼儿积极健康向上的思想和情感，塑造幼儿美好的个性，健全幼儿的人格。

三、艺术教育有助于幼儿的全面发展

艺术教育能促进德育、智育等的协调发展。幼儿在探索美的过程中会整合各种知识、经验，有助于幼儿想象力和创造力的发展。同时，通过审美活动所发展起来的形象思维和空间想象能力，与逻辑思维能力同样重要，两者相互补充。

四、提高学前儿童艺术素养是社会发展的需要

哲学家克罗齐说，艺术与科学既不同而又互相关联，它们在审美的方面交会。国家和社会的建设者既需要具备科学素养和各种技能，又需要艺术的滋养，才能更好地发挥作用，同时实现更大的人生价值。

📖 知识点拨

学前儿童艺术领域学习与发展的主要目标

一、艺术感受与欣赏

（1）是否喜欢自然界与生活中美的事物。

（2）是否喜欢欣赏多种多样的艺术形式和作品。

二、艺术表现与创造

（1）是否喜欢进行艺术活动并大胆表现。

（2）是否具有初步的艺术表现与创造能力。

自学自测

一、单选题

1. 下列不是学前儿童艺术领域的教育目标的是（　　　　）。
   A. 初步感受艺术中的美　　　　B. 大胆地表现对艺术的体验
   C. 掌握一门乐器　　　　　　　D. 能用自己喜欢的方式进行艺术表现活动
2. 下列说法正确的是（　　　　）。
   A. 成人不能用自己的审美标准去评判幼儿
   B. 幼儿艺术教育要高标准、严要求
   C. 幼儿艺术教育要注意规范性
   D. 幼儿艺术教育应勤加练习

二、判断题（在你认为正确的选项后打"√"，错误的打"×"）

1. 学前儿童艺术领域学习与发展是幼儿全面发展的需要。　　　　　　（　　　）
2. 应当因材施教，对有艺术天分的孩子加强培养，没有艺术天分的孩子不必进行艺术教育。　　　　　　　　　　　　　　　　　　　　　　　　　　　（　　　）

课中实训

实训目标

1. 能够了解学前儿童艺术领域行为观察的内容和要点。
2. 能够观察、记录学前儿童艺术领域学习和发展的情况及存在的问题。
3. 能够分析学前儿童艺术领域学习和发展问题产生的原因。
4. 能够根据行为观察与分析的结果，制定指导措施，促进学前儿童艺术领域学习和发展。
5. 增强文化自信和终身学习的意识。

实训内容

任务一　掌握学前儿童艺术感受与欣赏行为观察与指导
任务二　掌握学前儿童艺术表现与创造行为观察与指导

实训条件

实训条件如表 8-1 所示。

表 8-1　项目八实训条件

名　称	实训条件	要　求
实训环境	理实一体化教室	校园网无线 Wi-Fi，可在线观看线上资源
物品准备	1. 签字笔； 2. 记录本（活页）； 3. 问卷量表； 4. 手机或平板电脑等录音录像设备； 5. 学前儿童艺术领域活动材料（乐器、画材、玩具、教具等）； 6. 学前儿童艺术领域活动影像资料	活动材料充足，满足学前儿童艺术领域学习和发展需求
知识准备	1. 具备学前儿童艺术领域的相关知识和操作技能； 2. 具备学前儿童艺术领域行为观察指导的知识技能	理解和记忆学前儿童艺术领域行为观察相关知识点

实训步骤

1. 设计一个艺术感受与欣赏行为观察记录表。
2. 小组讨论学前儿童艺术感受与欣赏能力的指导策略。
3. 小组讨论影响学前儿童艺术表现与创造能力发展的因素。
4. 为案例中的幼儿设计一个指导方案，帮助其提高音乐方面的表现与创造能力。

任务一　掌握学前儿童艺术感受与欣赏行为观察与指导

情境导入

在案例 8-1 "换一换我们的宝贝"活动中,陈老师通过观察发现霜霜带的"宝贝"不受小伙伴欢迎，就进行了适当指导。霜霜的表现展现了哪个领域的发展情况，我们在保教过程中应当注意些什么？

任务提示

1. 学前儿童艺术感受与欣赏行为有哪些观察要点？
2. 哪些因素影响学前儿童艺术感受与欣赏能力的发展？
3. 指导学前儿童艺术感受与欣赏行为的策略有哪些？

📖 知识点拨

学前儿童艺术感受与欣赏行为观察要点

一、喜欢自然界与生活中美的事物

（1）3~4 岁幼儿

① 是否喜欢观看花草树木、日月星空等大自然中美的事物。

② 是否容易被自然界中的鸟鸣、风声、雨声等好听的声音所吸引。

（2）4~5 岁幼儿

① 是否在欣赏自然界和生活环境中美的事物时，关注其色彩、形态等特征。

② 是否喜欢倾听各种好听的声音，感知声音的高低、长短、强弱等变化。

（3）5~6 岁幼儿

① 是否乐于收集美的物品或向别人介绍自己所发现的美的事物。

② 是否乐于模仿自然界和生活环境中有特点的声音，并产生相应的联想。

二、喜欢欣赏多种多样的艺术形式和作品

（1）3~4 岁幼儿

① 是否喜欢听音乐或观看舞蹈、戏剧等表演。

② 是否乐于观看绘画、泥塑或其他艺术形式的作品。

（2）4~5 岁幼儿

① 是否能够专心地观看自己喜欢的文艺演出或艺术品，有模仿和参与的愿望。

② 是否欣赏艺术作品时会产生相应的联想和情绪反应（图 8-1）。

图 8-1　幼儿参观美术馆或欣赏戏剧照片

（3）5~6 岁幼儿

① 艺术欣赏时是否常常用表情、动作、语言等方式表达自己的理解。

② 是否愿意和别人分享、交流自己喜爱的艺术作品和美感体验。

知识点拨

影响学前儿童艺术感受与欣赏能力发展的因素

一、教师和家长对培养艺术感受与欣赏能力的重要性认识不足

由于应试教育的导向性和正确教育理念的缺乏，教师和家长对培养学前儿童艺术感受与欣赏能力的重要性认识不足。很多教师和家长过分注重幼儿对科学知识的理解和记忆，而不注重艺术能力的培养。如有的家长更倾向于让孩子识字、背古诗。

二、教师和家长缺乏培养学前儿童艺术感受与欣赏能力的有效方法

有的教师和家长虽然重视学前儿童艺术感受与欣赏能力的培养，但是由于认识和经验不足，缺乏有效的方法。例如有的教师和家长注重音乐和美术的技能培养，没有掌握学前儿童艺术感受与欣赏的指导方法。

三、教师和家长自身艺术素养有待提高

由于成长经历和教育背景不同，有的教师和家长自身缺乏艺术素养，因而很难对幼儿的艺术领域进行很好的启蒙。

知识点拨

学前儿童艺术感受与欣赏行为指导的策略

一、创造机会，发现美好

教师和家长应当多创造机会和孩子一起感受、发现和欣赏自然环境和人文景观中美的事物，丰富他们的感性经验和审美情趣。如和幼儿一起走进大自然，感受、欣赏美丽的景色和动听的声音；带领幼儿参观名胜古迹，讲述有关的历史故事、传说，与幼儿一起讨论和交流对美的感受。

二、引导观察，体验美好

引导学前儿童通过观察发现美的事物所具有的特征，体验和欣赏美。如让幼儿观察花草树木不同时期的变化和各自的美好之处，引导学前儿童用自己的方式描述它们美的方面，如形状、颜色、声音等；让幼儿倾听和分辨各种声响，引导幼儿用自己的方式来表达他们对音色、强弱、快慢的感受；支持幼儿收集他们喜欢的物品并和他们一起欣赏。

三、重视环创，融入美好

幼儿园应重视环境创设，将艺术教育的内容有机地融入环创和主题活动中，起到潜移默化的作用。如用富有童趣的杨柳青年画或剪纸来装饰走廊或教室；用优美、富有特色的铃声来区分一日生活常规的各个活动。

四、丰富多彩，开阔视野

创造条件让学前儿童接触多种艺术形式和作品。如经常让幼儿接触适宜的、各种形式的音乐作品和传统戏剧，丰富幼儿对音乐的感受和体验；和幼儿一起用图画、手工制品等装饰和美化环境；带幼儿观看或共同参与传统民间艺术和地方民俗文化活动，如皮影戏、剪纸和捏面人等。有条件的情况下，带幼儿去剧院、美术馆、博物馆等欣赏文艺表演和艺术作品。

五、理解、尊重、回应、鼓励和理解幼儿的兴趣和独特感受

尊重和理解幼儿的年龄特点，尊重和理解他们的兴趣和独特感受，理解和尊重他们在欣赏艺术作品时的手舞足蹈、即兴模仿等行为。当幼儿主动介绍自己喜爱的舞蹈、戏曲、绘画或工艺品时，要耐心欣赏并给予积极回应和鼓励。

六、善于观察，寓教于乐

教师在保教过程中要善于观察幼儿的行为，捕捉幼儿对于艺术的兴趣点，并设计更合理的活动，寓教于乐，激发幼儿对艺术的感受与欣赏的兴趣。

七、多个领域，全面发展

教师应当在日常生活和其他领域的教学过程中，抓住艺术领域的教学时机，引导幼儿积极地分享艺术感受，参与艺术欣赏。

八、提升素养，终身学习

教师要有终身学习的意识，主动利用各种机会不断提高自身艺术素养，为指导好学前儿童的艺术领域的学习与发展打好基础，做好准备。

扫码学习 8.1 学前儿童艺术感受与欣赏能力指导策略微课

任务实操8-1

1. 如果要更全面地观察案例 8-1 中霜霜在艺术感受与欣赏方面的表现，还有哪些观察要点？请在本项目末的活页中尝试为霜霜设计一个艺术感受与欣赏行为观察记录表。

2. 小组讨论，陈老师在社会领域的主题活动中对幼儿艺术领域的学习和发展进行了指导，她的做法是否恰当？在培养学前儿童艺术感受与欣赏能力方面我们还有哪些工作要做？

任务二　掌握学前儿童艺术表现与创造行为观察与指导

情境导入

【案例8-2】

橙子，男，3 岁 6 个月，入园 3 周。刚入园时教师就注意到，在户外律动操环节，

橙子没有跟着老师学习动作，只是拿着教具自己玩耍。在其他音乐活动中也没有跟着音乐节奏进行活动的表现。

教师在与家长的沟通中了解到，橙子在入园前基本由姥姥照顾，平常在家基本是听故事、听儿歌，很少有人引导孩子主动跟音乐互动。父母回家后偶尔会给孩子播放一些音乐，要求孩子跟着音乐进行舞蹈，并鼓励孩子，但效果不佳。家长便认为孩子没有音乐天赋，之后就很少对孩子进行音乐方面的活动引导。

任务提示

1. 学前儿童艺术表现与创造行为有哪些观察要点？
2. 哪些因素影响学前儿童艺术表现与创造能力的发展？
3. 指导学前儿童艺术表现与创造行为的策略有哪些？

知识点拨

学前儿童艺术表现与创造行为观察要点

一、是否喜欢进行艺术活动并大胆表现

（1）3~4 岁幼儿
① 是否经常自哼自唱或模仿有趣的动作、表情和声调。
② 是否经常涂涂画画、粘粘贴贴并乐在其中。

（2）4~5 岁幼儿
① 是否经常唱唱跳跳，愿意参加歌唱、律动、舞蹈、表演等活动。
② 是否经常用绘画、捏泥、手工制作等多种方式表现自己的所见所想。

（3）5~6 岁幼儿
① 是否能积极参与艺术活动，有自己比较喜欢的活动形式。
② 是否能用多种工具、材料或不同的表现手法表达自己的感受和想象。
③ 艺术活动中是否能与他人相互配合，也能独立表现。

二、是否具备初步的艺术表现与创造能力

（1）3~4 岁幼儿
① 是否能模仿学唱短小歌曲。
② 是否能跟随熟悉的音乐做身体动作。
③ 是否能用声音、动作、姿态模拟自然界的事物和生活情景。
④ 是否能用简单的线条和色彩大体画出自己想画的人或事物。

（2）4~5 岁幼儿
① 是否能用自然的、音量适中的声音基本准确地唱歌。
② 是否能通过即兴哼唱、即兴表演或给熟悉的歌曲编词来表达自己的心情。

③ 是否能用拍手、踏脚等身体动作或可敲击的物品敲打节拍和基本节奏。

④ 是否能运用绘画、手工制作等表现自己观察到或想象的事物（图 8-2）。

（3）5~6 岁幼儿

① 是否能用基本准确的节奏和音调唱歌。

② 是否能用律动或简单的舞蹈动作表现自己的情绪或自然界的情景。

③ 是否能自编自演故事，并为表演选择和搭配简单的服饰、道具或布景。

④ 是否能用自己制作的美术作品布置环境、美化生活。

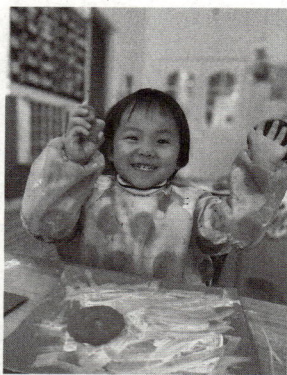

图 8-2　幼儿进行美术创作

知识点拨

影响学前儿童艺术表现与创造能力发展的因素

一、教师和家长对培养儿童艺术表现与创造能力的重要性认识不足

教师和家长对培养学前儿童艺术表现与创造能力的重要性认识不足。例如，家长只关注幼儿语言、科学领域的学习与发展，忽视对学前儿童艺术能力的培养；例如有的家长虽然觉得学前儿童艺术领域发展很重要，但是受功利思想影响，偏重于技能的培养，对艺术表现与创造能力重要性认识不足。

二、缺乏培养儿童艺术表现与创造能力的环境

幼儿园和家庭没有有意识地为幼儿营造适宜的物理环境和心理环境，艺术活动安排过少；幼儿艺术活动的材料投放不足或者过于单调；缺乏让幼儿进行艺术表现和创造展示的机会和场所；对幼儿的艺术表现和创造忽视、苛责、否定甚至嘲笑。如幼儿自发性的歌舞被教师斥责为捣乱，幼儿的涂鸦探索被嘲笑为乱七八糟，造成幼儿不敢表现。

三、教师和家长培养儿童艺术表现与创造能力的观察与指导能力不足

教师和家长由于缺乏培养儿童艺术表现与创造能力的经验，或者没有掌握幼儿心理特点，因而不能通过观察发现培养儿童艺术表现与创造能力的机会和存在的问题，并采取有针对性的措施进行科学指导。例如，幼儿在戏剧表演中放不开手脚，教师只会空洞地加油鼓励，不能有效地激发幼儿大胆表现的信心，也不能启发他们的创造性。

知识点拨

学前儿童艺术表现与创造行为指导的策略

一、创造条件，支持表现创造

创造机会和条件，支持幼儿自发的艺术表现和创造；提供丰富的便于幼儿取放的材料、工具或物品，让幼儿自主选择；支持幼儿进行自主绘画、手工、歌唱、表演等艺术活动，成人不做过多要求；经常和幼儿一起唱歌、表演、绘画、制作，共同分享艺术活动的乐趣。

二、营造氛围，敢于、乐于表现

教师要为学前儿童营造安全的心理氛围，让他们敢于并乐于表达、表现。要积极肯定和接纳他们独特的审美感受和表现方式，分享他们创造的快乐，欣赏和回应幼儿自发的艺术活动，如哼唱、表演、涂鸦等，赞赏他们独特的表现方式；可以开辟专门的地方展示幼儿的作品，鼓励幼儿用自己的作品或艺术品布置环境。

三、尊重幼儿，弱化技巧标准

幼儿的创作过程和作品是他们表达自己的认识和情感的重要方式，应支持幼儿富有个性和创造性的表达，克服过分强调技能技巧和标准化要求的偏向。鼓励幼儿自主表达创作，不做过多干预或把自己的意见强加给幼儿，只有在幼儿需要时再给予具体的帮助；认真倾听幼儿艺术表现的想法或感受，领会和尊重幼儿的创作意图；不简单用"画得像不像""唱得好不好"等标准来评价幼儿；幼儿绘画时，不宜提供范画，特别不应要求幼儿完全按照范画来画。

四、细心观察，适时适当指导

我们强调尊重学前儿童自发的艺术表现和创造，并不是完全放任幼儿活动，而是应当通过细心专业的观察，根据幼儿的具体情况，给予适时适当的指导。如当发现幼儿喜欢树叶贴画时，鼓励幼儿在生活中细心观察不同植物的树叶的形状、颜色、质感和光泽，为艺术活动积累经验与素材。也通过观察了解幼儿的生活经验，在此基础上与幼儿共同确定艺术表达、表现的主题，引导幼儿围绕主题展开想象，进行艺术表现；通过观察找到幼儿表现好的地方，并用表达自己感受的方式及时肯定，引导其继续提高，如"你画的小白兔真可爱，要是耳朵再长一点就更好了"。

五、面向全体，发展艺术潜能

在艺术活动中面向全体幼儿，要针对他们的不同特点和需要，让每个幼儿都得到美的熏陶和培养。通过细心观察，发现有艺术天赋的幼儿，注意提供机会和个别指导，发展他们的艺术潜能。

扫码学习 8.2 学前儿童艺术表现与创造行为指导策略微课

任务实操8-2

1. 小组讨论，橙子家长认为他没有音乐天赋，之后就很少对橙子进行音乐方面的活动引导，这种想法和做法存在什么问题？

2. 请试着为橙子设计一个指导方案，帮助他提高音乐方面的表现与创造能力，将方案填入本项目末的活页中。

课后提升

巩固提升

一、判断题（请在你认为正确的题目后打"√"，错误的打"×"）

1.幼儿艺术教育要因材施教，对于没有艺术天赋的幼儿不要进行艺术教育。

（　　）

2.艺术教育有助于培养幼儿健全的人格和美好的心灵。　　　　　（　　）

3.通过细心观察，发现有艺术天赋的幼儿，要注意提供机会和个别指导，发展他们的艺术潜能。　　　　　　　　　　　　　　　　　　　　（　　）

4.幼儿美术启蒙要讲究范画的规范性。　　　　　　　　　　　　（　　）

5.应当创造条件让学前儿童接触多种艺术形式和作品。　　　　　（　　）

二、请制作本项目思维导图

请在单独页面制作思维导图。

拓展资源

1.扫码学习
学前儿童艺术领域绘本介绍
2.经典推介
纪录片《奇趣美术馆》
（以下两页可拆下用于完成任务）

扫码学习 8.3 学前儿童
艺术领域绘本介绍微课

✦ 任务实操活页

任务实操8-1

1. 要更全面地观察案例 8-1 中霜霜在艺术感受与欣赏方面的表现，还有哪些观察要点？请尝试为霜霜设计一个艺术感受与欣赏行为观察记录表。

2. 小组讨论，陈老师在社会领域的主题活动中对幼儿艺术领域的学习和发展进行了指导，她的做法是否恰当？在培养学前儿童艺术感受与欣赏能力方面我们还有哪些工作要做？

任务实操8-2

1. 小组讨论，橙子家长认为他没有音乐天赋，之后就很少对橙子进行音乐方面的活动引导，这种想法和做法存在什么问题？

_____

_____

_____

_____

_____

_____

_____

_____

_____

_____

_____

2. 请试着为橙子设计一个指导方案，帮助他提高音乐方面的表现与创造能力。

_____

_____

_____

_____

_____

_____

_____

_____

_____

_____

✦ 任务实操考核评价

班级_____ 组别_____ 姓名_____ 学号_____ 日期_____ 评价项目_____

评价阶段	评价内容	分值	佐证材料	学生自评	小组互评	教师评价	平台数据
课前自学	"扫码学习"完成度	10	平台数据				
	自学自测	10	是否完成测试题				
课中实训	任务实操8-1完成情况	30	实操作业				
	任务实操8-2完成情况	30	实操作业				
	坚定文化自信	5	是否能将传统文化融入幼儿艺术领域指导				
	强化终身学习的意识	5	是否能不断主动提高艺术素养				
课后提升	巩固提升	5	平台数据				
	拓展资源	5	平台数据				
项目得分			教师签名				

评价说明： 项目评价分值仅供参考，教师可以根据实际情况进行调整。在本项目完成之后，由任课教师主导，采用过程性评价与结果评价相结合，综合运用自我评价、小组评价和教师评价三种方式，由教师确定三种评价方式分别占总成绩的权重，计算出学生在本项目的考核评价得分(平台数据完成的打"√"，未完成的打"×")。

项目九
学前儿童问题行为观察与指导

◎ 项目概述

本项目主要学习学前儿童问题行为观察与指导，通过案例学习学前儿童攻击性行为、社交退缩、说谎、吮手指、习惯性阴部摩擦等行为的观察、分析与指导。

✎ 学习目标

素质目标：

1. 进一步养成尊重儿童个体差异、尊重儿童权利的态度；
2. 进一步培养学前教育工作者的仁爱之心。

知识目标：

1. 了解学前儿童问题行为的概念及分类；
2. 掌握学前儿童攻击性行为、社交退缩、说谎、注意缺陷与多动障碍、习惯性阴部摩擦等行为的观察要点；
3. 掌握学前儿童问题行为的成因；
4. 掌握学前儿童问题行为的矫正方法。

能力目标：

1. 能够针对学前儿童的问题行为做好观察准备、制订观察计划；
2. 能够科学规范地对学前儿童的问题行为进行观察和记录；
3. 能够对学前儿童的问题行为观察的结果进行分析，制定矫正指导方案。

◤ 案例导入

【案例 9-1】

刚入职 5 个月的小秦老师最近遇到了一件烦心事。她发现所带的大一班里有个叫超超的孩子特别好动：上课的时候经常从座位上起来走动，还经常拉扯小朋友，把别人的东西弄坏；做操的时候，常常不按规定动作，边做操边做鬼脸；午睡的时候也是动个不停，很少能睡着；老师讲话的时候经常插话，打扰老师和其他小朋友。于是小秦向超超妈妈了解情况："超超在幼儿园总是动个不停，是不是有多动症？他在家也这样吗？"超超妈妈听了小秦老师的问话非常生气，一言不发地走了。随后向园长投诉，老师对孩子有歧视。小秦老师感到很委屈，她也是想把工作做好，维持好课堂纪律，帮助超超改正缺点。园长对小秦老师说："关注每一个孩子的行为是值得肯定的。但是判断一个孩子是否有问题行为要非常谨慎，要掌握大量的相关知识。即使孩子有问题行为也要正确处理，和家长交流要掌握一定的技巧，才能共同将家园合作做好，帮助幼儿更好地成长。"

课前自学

知识点拨

什么是学前儿童问题行为

学前儿童的问题行为是指与普通幼儿的一般行为相比，过度、不足或不恰当的行为。如不符合正常发育阶段该有的能力，或者行为出现频率过高，次数过多，持续时间过长，对自己和他人产生影响或伤害。

学前儿童的问题行为通常可以分为以下几种类型。

（1）社会行为，如攻击性行为、破坏、说谎、嫉妒、过度反抗、任性等。

（2）不良习惯，如习惯性吮吸手指、咬指甲、活动过度等。

（3）生理心理发展问题，如习惯性痉挛、多动症、自闭症、注意分散、反应迟缓、遗尿症、不自主排便等排泄机能障碍、偏食、厌食、口吃等。

问题行为会阻碍学前儿童正常的学习和发展，影响他们的生活和成长，如果得不到及时科学的指导和矫正，也有可能发展为成年期心理障碍，或者引起成年后社会适应不良。因此必须予以重视，通过行为观察，及时发现学前儿童的问题行为，并采取正确的措施帮助幼儿矫正问题行为或者更好地适应社会。

知识点拨

学前儿童问题行为的成因

一、儿童自身因素

（1）发育因素

遗传、脑损伤、怀孕期及围产期受损、新生儿缺氧、婴幼儿期的中枢神经系统感染、中毒、外伤及重度营养不良等均可导致儿童神经系统特别是脑的发育迟缓或异常，是构成日后儿童问题行为的危险因素，其中，母孕期有害因素和新生儿疾病是儿童问题行为最重要的生物学危险因素。

（2）气质特点

儿童可分为三种气质类型：①易教养型(40%)。这类儿童生活有节律，容易适应环境变化，喜欢探索新事物，情绪积极。②迟缓型 (15%)。这类儿童活动水平低，情绪易消极，适应环境较慢，会出现退缩反应。③难教养型 (10%)。这类儿童的特点是生活缺乏节律，很难适应新环境，情绪反应强烈。难教养型儿童到 7 岁时有情绪问题的人数要比其他两类多。还有 35% 的儿童属于中间型，往往具有上述两种或三种气质类型的混合特点。儿童的气质一定程度上影响着抚养者的态度和行为，间接地影响到儿童自身各方面的发展。

二、家庭因素

（1）家庭教养因素

家庭教养因素对儿童行为的不良影响包括父母养育技能缺失、父母角色能力不足以及父母不良的人格特征和行为模式等。有效的养育技能对于培养儿童正确的行为方式有着十分重要的作用。父母长期的否认拒绝等养育方式，可能损害儿童的情绪控制和表达技巧，致儿童常常采用直接的攻击行为来表达愤怒和内心感受；或者使儿童的主动性和积极性受损，不愿尝试学习新经验，从而出现社交退缩、多动等行为问题。

（2）家庭环境因素

家庭环境是影响儿童行为环境因素中最基本、最重要的组成部分。父母间的关系与行为、文化素质、价值观念包括生活习惯都会对儿童心理行为的形成产生潜移默化的影响。

三、社会因素

良好的社会环境包括儿童居住地区的社会风气和学习环境会使儿童的行为向好的方面发展，有助于减少儿童问题行为的发生；反之，会增加儿童问题行为如攻击性行为、品行障碍的发生。

📖 知识点拨

学前儿童问题行为的常用矫正方法

一、强化法

强化法 (reinforcement methods) 是根据斯金纳的操作条件反射原理设计出来的，目的在于通过强化 (即奖励) 而造成某种期望出现的良好行为的一项行为矫正技术。

强化法建立在操作性条件作用的原理上，若一个行为得到奖赏，那么以后这个行为重复出现的频率就会增加，得不到奖赏的行为出现的次数可能会较少。

（1）强化法分类

强化主要分为正强化和负强化。

① 正强化是指为了能建立一个适应性行为模式，采用奖励的办法，使这种行为模式反复出现。使用正强化要注意选择适当的正强化物，正强化的关键在于正确的操作程序。

② 负强化又叫消极强化，是指当一个行为发生之后，结果导致了某种刺激的减少、消除或者延缓出现，那么今后该行为出现的频率将会增加。即当目标行为发出之后所跟随的是厌恶刺激的消除或者个体的逃避，最终导致目标行为的增加。负强化物是使幼儿产生消极情绪体验的事物，要科学选择。

（2）实施步骤

① 矫正前，首先要全面了解基本情况，再确认目标行为，划出基准线。被选出的目标行为应该是能被客观地控制，可观察与评价其程度，而且能够反复进行强化。

② 选择有效强化物。如消费性强化物、活动性强化物、操作性强化物、拥有性强化物、社会性强化物等。选择有效强化物，以期达到确实有效的强化与矫正目的。

③ 拟订矫正方案或塑造新行为方案，以期取得幼儿的积极配合。矫正方案不但确认被矫正或塑造的行为，还应包括采用何种治疗形式和方法、确定应用何种强化物等。根据情况变化，矫正方案还可以随时调整。

④ 矫正过程中，每当目标行为出现，应立即给予强化物，不能延搁时间并向幼儿讲清楚被强化的具体行为，使之明确今后该怎么做。

⑤ 一旦目标行为多次按期望的频率发生，应当逐渐消除可见的强化物，而以社会性强化物及间歇性强化的方法继续维持，以防止出现强化物的饱厌情况。

⑥ 矫正程序结束之后，周期性地对该行为做出评价。

（3）使用强化法注意事项

① 应以正强化方式为主。对完成个人目标者，给予及时的物质和精神奖励（强化物），以求充分发挥强化作用。

② 慎重使用负强化。负强化应用得当会促进行为矫正，应用不当则会带来一些消极影响，可能使人由于不愉快的感受而出现悲观、恐惧等心理反应，甚至发生对抗性消极行为。

③ 注意强化的时效性。采用强化的时间对于强化的效果有较大的影响。一般而论，强化应及时，及时强化可提高安全行为的强化反应程度，但须注意及时强化并不意味着随时都要进行强化。不定期的非预料的间断性强化，往往可取得更好的效果。

④ 因人制宜，采用不同的强化方式。由于人的个性特征及其需要层次不尽相同，不同的强化机制和强化物所产生的效应会因人而异。因此，在运用强化手段时，应采用有效的强化方式，并随对象和环境的变化而相应调整。

⑤ 利用信息反馈增强强化的效果。信息反馈是强化人的行为的一种重要手段，尤其是在应用安全目标进行强化时，定期反馈有利于及时发现问题，分析原因，修正方案。

二、惩罚法

惩罚是指不适当的行为出现时剥夺幼儿获得奖励性刺激，或是当幼儿做出不适宜行为时给予厌恶性刺激的一种"教育"方式。

（1）惩罚的分类

惩罚的种类有责备、剥夺、隔离。

① 责备是指通过语言或肢体动作及时给予强烈否定性警告，以阻止或消除不良行为，一般适用于程度较轻的行为问题，通常谴责后跟随其他惩罚性刺激。

② 剥夺和隔离是指当儿童表现出不良行为时，停止其享用某种权利或正强化物，或暂时隔离开，以阻止或削弱此类不良行为的再现。

（2）使用惩罚法注意事项

① 教师和家长在使用惩罚法时要坚持一致性原则，做到态度一致，措施一致，不半途而废，避免因措施不统一而产生负面效应。

② 使用惩罚法要做到慎重、合理、公正，前后一致，对事不对人，不挖苦讥讽，不发泄个人情绪。

③ 在儿童隔离期间，不与他说话，也不看他，更不要让其他儿童靠近他。但隔离结束后不能对幼儿冷暴力和孤立。

④ 运用惩罚法要与矫正措施科学结合，具体处理，批评时不要笼统说教。绝不能体罚幼儿，避免打骂、恐吓、罚站等摧残儿童的方式。

⑤ 惩罚法虽然收效快，但是惩罚不是万能的，毕竟多数情况儿童是基于父母先天的权威地位而做出的妥协认错，多伴随消极情绪，所以要科学、谨慎地使用。

三、示范法

班杜拉认为，儿童的许多行为并非通过直接实践或受到强化形成的，而是通过观察、学习从而产生共鸣，并改变良好行为的获得或减少。因此，模仿与强化一样，是学习的一种基本形式。示范法包括生活示范、象征性示范、角色扮演、参与示范、内隐示范等多种类型。

（1）生活示范是参照现场示范，让求助者在实际生活中观察示范者适当的行为。

（2）象征性示范是参照电影电视或录像示范、图书或游戏示范、自我示范，让求助者观看记录示范者或求助者本人适当行为的电影电视或录像、图书、游戏等，以减缓焦虑或巩固良好行为。

（3）角色扮演是咨询师和来访者一起扮演生活中的一个或一系列情景，用以帮助求助者学习与人交往的技巧。

（4）参与示范是由咨询师为求助者示范良好行为，而后引导、鼓励求助者表达相同的行为。

（5）内隐示范是想象模仿，让求助者对不可观察的行为示范，可通过咨询师的描述，让求助者想象所要模仿的行为。

四、系统脱敏法

系统脱敏法（systematic desensitization）又称交互抑制法，是由美国学者沃尔帕创立和发展的。这种方法主要是诱导求治者缓慢地暴露出导致神经症焦虑、恐惧的情境，并通过心理的放松状态来对抗这种焦虑情绪，从而达到消除焦虑或恐惧的目的。如果一个刺激所引起的焦虑或恐怖状态在求治者所能忍受的范围，经过多次反复的呈现，他便不再会对该刺激感到焦虑和恐怖，治疗目标也就达到了。这就是系统脱敏法的治疗原理。

五、代币制

代币制 (token program) 又称标记奖酬法 (token economy)，是用象征钱币、奖状、奖品等标记物为奖励手段来强化良好行为的一种行为治疗方法。

代币其实是一种中介物，在行为改变的过程中，用一种本来不具有强化作用的物体为表征 (如筹码、硬币、纸币)，让它与具有强化作用的其他刺激物 (如食品、玩具等) 相联结，让这一种表征物变成具有强化力量的东西。这一种经由制约历程而获取强化力量的表征物，通常称为制约强化物。能够累积并可兑换其他强化物的制约强化物，则称为代币。针对一组人实施一套专门运用代币来作为强化目标行为的有组织的方案，就称为代币制。任何可以累积的东西，都可以在代币制中充当中介物，以资换取后援强化物，如食物、玩具、游戏机会等。代币制的成效，完全取决于后援强化物的种类多寡以及强化力量的大小，所以行为改变方案务必慎重选择后援强化物。当儿童的目标行为反应达到期望水平后，还应帮助其逐步脱离代币制，以适应自然环境。

六、消退法

消退法是指在之前某个情境或刺激条件下，某种行为曾得到强化，若此后在类似情境中强化消失，则该行为的发生率就会逐渐降低。使用消退法的关键是识别维持问题行为的强化物，然后消除它。

消退是一个循序渐进，需要持之以恒的过程。实施消退法首先找准导致行为发生的强化物，否则消退不仅不能起到应有作用，反而可能加重问题行为。对于受到正强化而形成的行为，取消正强化即可。消退程序要与良好行为的强化相结合，不但可以促使问题行为更快地减少，使消退的难度降低，同时也能帮助个体建立适当的良好行为。

扫码学习 9.1 学前儿童问题行为观察与指导概述微课

需要注意，消退的错误用法是无意中消退个人的良好行为，或者误认为消退就是忽视目标行为，造成不良行为的持续恶化，因此需要正确的使用方法。

自学自测

一、填空题

1. 学前儿童的问题行为是指与普通幼儿的一般行为相比，（　　　）、（　　　）或（　　　）的行为。

2. 吮吸手指、咬指甲、活动过度等属于学前儿童的问题行为中的（　　　）。

3. 学前儿童的问题行为通常可以分为（　　　）、（　　　）和（　　　）三种类型。

4. 儿童可分为三种气质类型：（　　　）、（　　　）和（　　　）。

5. 学前儿童问题行为的成因中的家庭因素包括（　　　）和（　　　）。

二、简答题

1. 请问什么是问题行为？有哪些分类？

2. 学前儿童问题行为有哪些常见成因？

课中实训

实训目标

1. 能够通过行为观察识别学前儿童的问题行为。

2. 能够分析学前儿童问题行为产生的原因。

3. 能够根据行为观察与分析的结果，制定指导措施，帮助学前儿童矫正问题行为。

4. 养成尊重儿童个体差异、尊重儿童权利的态度，强化学前教育工作者的仁爱之心。

实训内容

任务一　掌握学前儿童攻击性行为的观察与指导

任务二　掌握学前儿童社交退缩行为的观察与指导

任务三　掌握学前儿童说谎行为的观察与指导

任务四　掌握学前儿童注意缺陷与多动障碍的观察与指导

任务五　掌握学前儿童习惯性阴部摩擦的观察与指导

实训条件

实训条件如表 9-1 所示。

表 9-1　项目九实训条件

名　称	实 训 条 件	要　　求
实训环境	理实一体化教室	校园网无线 Wi-Fi，可在线观看线上资源
物品准备	1. 签字笔； 2. 记录本（活页）； 3. 问卷量表； 4. 手机或平板电脑等录音录像设备； 5. 学前儿童活动材料（器材、玩具、教具等）； 6. 学前儿童问题行为影像资料	活动材料充足，满足学前儿童问题行为观察与指导需求
知识准备	1. 具备学前儿童问题行为的相关知识和操作技能； 2. 具备学前儿童问题行为的观察指导的知识技能	理解、记忆相关知识点

实训步骤

1. 分析幼儿的情况，为其制定一个攻击性行为矫正方案。
2. 小组讨论，列表总结学前儿童社交退缩的矫治措施。
3. 小组讨论，列表总结学前儿童说谎的矫治措施及注意事项。
4. 上网查找相关资料，讨论注意力缺陷综合征的矫治意义及方法。
5. 小组讨论案例中幼师欠妥行为，并为幼儿制订习惯性阴部摩擦矫正计划。

任务一　掌握学前儿童攻击性行为的观察与指导

情境导入

【案例 9-2】

萍萍，女，5 岁，一个月前自其他幼儿园转来，语言、大动作、精细动作及自理能力各方面发育较好。教师注意到萍萍当值日班长时的一些表现。

倒背双手，学着大人的样子在小朋友中间踱步。

走到正在和同桌说话的哲哲（一个比较调皮的小男孩）身旁，随手拿起桌上的绘本，在哲哲和同桌头上各打了一下，说："你们给我闭嘴！"

哲哲笑嘻嘻地冲萍萍做了个鬼脸，继续和同伴说话。萍萍将绘本卷起，打了哲哲两下，说："再说话把你嘴巴缝起来！"

哲哲夺过绘本，说："你管不着！"

萍萍听后，抢过绘本，连续在哲哲头上重重地打了七八下，边打边说，"我是班长，就管得着你！"

哲哲哭了起来。

萍萍把绘本扔在地上，左手揪住哲哲的耳朵，右手食指点着哲哲的前额说："哭什么哭，就知道哭，不守纪律的胆小鬼！把你关监狱里！"

哲哲哭得更厉害了，这时教师将萍萍拉开。

任务提示

1. 幼儿攻击性行为有哪些表现？
2. 教师发现幼儿出现攻击性行为应当怎样处理？

知识点拨

攻击性行为的含义及危害

攻击性行为是一种以伤害他人或事物，获取某种事物（玩具、食物、机会、权利等）为目的，并形成外部伤害的社会性行为。它可以是身体的侵犯、言语的攻击，也可以是权利的侵犯，是儿童在同伴交往中比较常见的社会性行为，也是个体社会性发展的一个重要方面。

幼儿的攻击性行为会阻碍其社会性、个性以及认知的发展。具有攻击性行为的儿童通常都会因为难以与他人发展良好的人际关系，缺乏正常交往的活动经验，而影响到其性格、能力等心理品质的正常发展，如不及早干预矫正，还可能转化为品德不良，甚至走上犯罪道路。

同时攻击性行为还会影响到成年后的人际关系和家庭关系处理，造成工作、生活、家庭等方面的困难。

因此，及时发现幼儿攻击性行为的萌芽并加以矫正，对幼儿的身心发展起着非常重要的作用。

知识点拨

案 例 分 析

案例 9-2 中，教师在接下来的观察中发现，即使不值日的时候萍萍在班里也经常以班长自居，看到其他小朋友有做得不妥的地方会站出来纠正，在这个过程中往往会用一些玩具、书本做工具攻击小朋友，如果遭到反抗或质疑，还会进行语言攻击。通过观察，教师发现萍萍的言行明显带有一些"少年老成"，好像在模仿什么人。经过与萍萍家长沟通，发现她在原来的幼儿园由于各方面发展得不错，被老师指定为小班长，帮助老师管纪律。通过对萍萍耐心询问，知道她的言行主要是模仿以前的主班教师。

学前儿童由于其年龄特点，分辨是非的能力差，社会模仿性强，当家长及教师出现不当的行为示范，如动作或言语粗鲁、打人甚至家暴，或者幼儿观看带有打斗场面的动画、绘本等都有可能会引起他们的模仿，导致幼儿出现攻击性行为。萍萍的攻击性行为如果不能及时纠正，不但会使其他幼儿受到攻击和伤害，还会使萍萍的是非观产生偏差，形成依靠暴力解决问题和滥用权力的错误认知，影响萍萍今后的发展。

案例 9-2 中，教师先将萍萍拉开，让她停止对哲哲语言和动作的攻击，再通过温和耐心的教导，告诉萍萍：帮老师维持纪律是好的，但是也要尊重和爱护小朋友，打人是不对的，可以用礼貌的语言提醒。同时，当有小朋友调皮的时候，教师温和坚定地制止，充满包容与爱心，教师在实践中做出的正确示范，让萍萍意识到，不依靠暴力也能将事情做好。几周以后萍萍彻底改掉了打人的习惯，开心地融入小朋友当中。

📖 知识点拨

学前儿童攻击性行为的影响因素

幼儿攻击性行为的影响因素主要有以下几方面。

一、生物因素

学前儿童大脑皮层的神经细胞容易兴奋，在刺激下会产生不合常规的现象，加之自我控制能力较差，常常会不假思索就行动。同时，语言表达能力较差，也是幼儿用攻击性行为满足需求、表达不满的原因。另据研究显示，部分儿童之所以出现频繁的攻击性行为，与其大脑两半球协同功能较差有关；有些攻击性强的儿童存在某些基因缺陷。

二、家庭因素

大多数儿童的攻击性行为都是学习和模仿的结果，有些家长惯于用暴力惩罚的方式来教育孩子，结果孩子也以同样的方式来对待其他儿童，表现出攻击性行为。

另外，家长对孩子娇宠放纵，教育孩子时缺乏严肃科学的态度也是滋生攻击性行为的温床，如果家长对孩子过于频繁的攻击性行为不加制止和引导，而是任其发展，到成年后这种攻击性行为就可能转化为犯罪。

三、环境因素

美国心理学家班杜拉通过一系列实验证明，攻击是观察学习的结果，儿童模仿性强，是非辨别能力差，因此孩子很容易模仿其周围的人或者影视镜头里人物的攻击性行为。经常看暴力影片，玩暴力游戏的儿童容易出现攻击行为。

物理环境阴暗、狭小、压抑或者活动材料不足也容易使幼儿产生攻击性行为。

此外，如果幼儿因攻击性行为获得了利益，如玩具、食物、位置、特权等，其攻击性行为会被强化，若再受到其他孩子的崇拜，其攻击性行为就会日益加重。

知识点拨

学前儿童攻击性行为的对策

攻击是宣泄紧张和不满情绪的消极方式，对学前儿童的发展极其有害，必须加以纠正。经过细致的、专业的观察，可以发现幼儿攻击行为的起因和线索，有针对性地采取措施。

一、及时坚决制止

如果幼儿的攻击行为没有被制止，反而因攻击获得了玩具、食物、位置等，就会使他们形成错误的认知，强化攻击行为。教师和家长应明确告诉幼儿攻击性行为是不被允许和接受的行为。尤其对于可能伤害到幼儿本人、其他人或者重要物品的行为，教师和家长可以用手抓住幼儿的手，制止进一步的攻击。同时，对于因攻击获得的"战利品（玩具、食物、位置）"也应予以"缴获"。

二、巧妙转移注意力

当儿童出现攻击性行为时可以用一些其他的事情来转移他们的注意力。例如，对年龄较小的幼儿可以用玩具或游戏来吸引他的注意力；大一点的幼儿可以让他帮老师去办公室取一下教具，有助于他们平复情绪，逐渐消除攻击性行为。

三、引导合理地宣泄

烦恼、挫折、愤怒是容易引起攻击性行为的情绪因素，要引导幼儿并教会幼儿通过合理的途径宣泄自己的消极情绪，如通过语言交流、运动、唱歌把烦恼和愤怒宣泄出来。例如在幼儿紧张或者怒气冲冲时可以带他去跑步、打球来消耗能量，平复情绪。

四、正确使用"冷处理"

所谓冷处理就是在一段时间里不予理睬，用这种方式来惩罚他的攻击行为，也可以让他平静、冷静下来，如把一个幼儿关在一个安全的房间，让他思过、反省。这种方法的好处在于不会向幼儿提供呵斥打骂的攻击原型。但是需要注意，冷处理不是冷暴力，如果把这种方法与鼓励友善行为的方法配合使用效果会更好。

五、创设良好的家庭环境

研究表明，生活在良好的家庭气氛，有充裕的玩耍时间，玩伴、玩具丰富的环境中的幼儿较少发生攻击性行为。家长应为幼儿提供足够的玩耍时间和适宜的玩具，不让幼儿看有暴力镜头的电影、电视，不让幼儿玩带有攻击性的玩具，不在幼儿面前使用有攻击色彩的语言。

六、培养文明行为习惯

家长和教师应有意识地培养幼儿友善待人，言语举止文明的习惯。家长、教师必须注意自身修养，不要因为自己某些事情不顺心而在幼儿面前毫无顾忌地攻击别人。夫妻之间要避免在幼儿面前争吵打骂，为幼儿树立良好的榜样。当幼儿出现攻击行为时，家长和教师要及时正确处理，使幼儿认识到什么行为是错误的，应该怎样做才对，并养成文明的行为习惯。

七、正向强化激励

当幼儿的攻击性行为有改善或者出现友爱行为时，教师和家长要善于发现，及时肯定。口头表扬、赞许的微笑和眼神、竖拇指的手势、鼓励的拍背或拥抱等都可以向幼儿传达成年人的认可与鼓励，也可适当用一些笑脸或星星粘贴来肯定幼儿的进步。正向强化激励有助于幼儿维持积极行为，逐渐减少和消除攻击行为。

八、科学使用讨论法

对于4岁以上的较大幼儿可以尝试使用讨论法。如果儿童愿意努力改变自我，教师和家长应积极予以协助，要选择安静、温馨、隐私的房间或角落，与幼儿一起讨论，分享感受，制定预防和处理措施，让幼儿成为共同解决问题的伙伴。

九、明确规则与要求

成人在不同时间对同一儿童或同一行为有不同期待，使其无所适从，不知哪些是被接受的，如家长让儿童在家里跟兄弟扭打，教师不让儿童在幼儿园跟伙伴扭打。

📖 知识点拨

学前儿童攻击性行为的预防

学前儿童攻击性行为往往是不适宜的家庭教育和环境因素造成的，一旦形成就需要相当一段时间来矫正。因此，学前儿童攻击性行为的预防同样重要。

一、纠正错误认知

很多模仿习得的攻击性行为是因为孩子"误读"了一些信息，因此应该引起所有家长注意。例如当家长在与幼儿玩耍时，如果被孩子不小心打到脸，不加以制止反而发笑了，会让幼儿认为这是值得肯定和鼓励的行为，使打人这个动作得到强化。

二、加强陪伴沟通

家长如果很少陪孩子玩耍和沟通，幼儿内心孤独，缺乏安全感，可能会以攻击行为来宣泄不良情绪。家长应为幼儿营造温馨的家庭氛围，提供高质量的陪伴。

三、优化教育方式

幼儿犯错时，家长不要用打骂的错误教育方式教育孩子，以免孩子模仿。

四、提高表达能力

告诉幼儿当感到生气和不满时，可以说"我不要。"或者可以向老师或家长求助。发展孩子的语言表达能力，让孩子学会恰当地表达情感，提出自己的要求，可以尽量减少身体冲突。

五、培养爱心和友善行为

教师和家长要注意在日常生活中培养幼儿的爱心，例如让幼儿养小动物、照顾小动物；和娃娃玩耍，哄娃娃睡觉，给娃娃洗澡、盖被子等。经常带幼儿与其他小朋友一起游戏，积极引导幼儿建立平等融洽的同伴关系，引导幼儿在活动中学会合作、分享。另外，教师要有意识地引导合作、分享能力强的幼儿与能力弱的幼儿相互合作，从而带动幼儿活动的积极性，促进幼儿交往、合作、分享能力的提高。

扫码学习 9.2 攻击性
行为矫正案例微课

任务实操9-1

分析萍萍的情况，请尝试为萍萍制定一个攻击性行为矫正方案，并填入本项目末的活页中。

任务二　掌握学前儿童社交退缩行为的观察与指导

情境导入

【案例 9-3】

实习生小于在实习不久就注意到这样一个孩子，乐乐，男，4 岁半，从老家的幼儿园转来两个月。乐乐在园时沉默寡言，从不与教师和小朋友打招呼；上课时从不举手发言，如果被教师提问会脸红、出汗，紧张得说不出话来，默默流泪，教师越是鼓励越是如此；参加活动时从不和其他小朋友玩耍，偶尔有小朋友邀请他一起游戏，也只会红着脸一动不动，渐渐被小伙伴"遗忘"。所以乐乐在园里经常是独自在角落里把玩手指，不参加活动。

教师向乐乐妈妈了解情况，妈妈说乐乐在家表现还算正常，只是从小一见陌生人就很害羞，躲在一旁，不敢说话。教师追问有没有发生过什么情况可能会加重乐乐的害羞。妈妈回忆起：乐乐在老家的幼儿园上小班的时候，有一次老师提问乐乐答错了，引起全班小朋友哄堂大笑。乐乐那天一直哭到离园，期间老师安慰、讲道理直至失去耐心而训斥。妈妈接到乐乐后，只是随便安慰了几句，又给他买了个玩具就算了。现在妈妈想来，乐乐好像就是从那以后变得更加害羞，更加害怕陌生人了。

任务提示

1. 学前儿童社交退缩行为有哪些危害？
2. 学前儿童社交退缩有哪些矫正措施？

📖 知识点拨

社交退缩的含义及危害

学前儿童社交退缩行为是指幼儿平时表现正常，一旦处于集体生活或社交情境中就会表现出胆怯和退缩的异常反应，缺少主动精神，不喜欢与同伴交往，害怕陌生的环境，沉默寡言，性格孤僻、胆怯，常常游离于群体之外。通常情况下，这些幼儿在他们熟悉的环境中与熟悉的人在一起不会出现胆怯和退缩表现。

社交退缩会直接影响学前儿童的生活、心理健康和全面发展，主要体现在以下几方面。

（1）有退缩行为的儿童难以适应新环境，从而会影响他们的发展。由于孤独、胆小、害怕，不愿到陌生的环境和集体环境，也从不主动与其他孩子交往，会影响他们在园的活动参与度和人际交往，不能正常地参与幼儿园的学习和游戏。长此以往，必定会影响各个领域的学习与发展。

（2）退缩行为会导致儿童出现其他心理问题和行为问题。如社会胜任力较差（如行为技能、社会认知技能），社会关系不良（如同伴接纳、友谊、师幼关系），社会适应不良（学习成绩不良、孤独感）。由于这样的儿童难以适应集体生活和人际交往，往往会变得自卑和胆怯，有些幼儿不愿去幼儿园，甚至出现严重的入园焦虑。

（3）学前阶段的社交性退缩行为如不能及时矫正，有可能延续至小学、中学直至成年阶段，严重影响其学业、生活、成年以后的社交、职业选择、事业发展、子女教育及社会适应等能力。

通常情况下，社交退缩的幼儿由于对他人和保教活动影响不大，很少会"打扰"其他人，容易被教育者所忽视。有的教师由于精力有限，在对社交退缩的幼儿做过几次鼓励之后没有效果便失去耐心，选择放弃。同时，有的家长对社交退缩认识不足，没有给予重视。我们应当充分认识到学前儿童社交退缩的危害，对出现退缩行为的幼儿给予更多的耐心和爱心，帮助他们克服恐惧和焦虑，适应集体生活和社会交往。

📖 知识点拨

学前儿童社交退缩的影响因素

社交退缩的原因非常复杂，既有遗传方面的因素，也有心理、社会等方面的后天因素，但后天因素是主要的。

一、气质性因素

有的幼儿生性腼腆、胆小、好独处，性格比较内向、拘谨，不爱活动，不愿接触他人。

二、生活环境或家教不当

（1）如果父母是沉默和害羞的、不善与人交往，孩子往往不能从父母身上学会正确有效的应对环境的方法和技巧，对社会交往产生畏惧情绪。

（2）居住环境周围缺乏同龄伙伴和交往对象，家长经常阻止孩子交友和外出、父母早逝或离异，幼儿缺乏社交经验，容易产生害羞和退缩行为，不敢与人交往。

（3）如果家庭对孩子过于溺爱，一味照顾和迁就，会导致他们习惯于在自己的小圈子内生活，当环境改变时不由自主地产生退缩行为。

（4）父母的过度惩罚和过多的负面评价、偏见、喜欢拿别人的长处比较幼儿的缺点，会打击幼儿的自尊心和自信心，也有可能是造成幼儿退缩的原因。

三、挫折经历

如果幼儿在人际交往、日常生活中经历过不愉快的体验，如被人呵斥、嘲笑、拒绝、讽刺、霸凌等，家长和教师没有及时发现问题进行疏导，幼儿极易产生自卑心理，进而出现行为退缩。

📖 知识点拨

社交退缩的矫治措施

幼儿时期的交往对幼儿的社会化、个性与品德的形成，情绪情感和社会适应能力的发展都有着十分重要的影响。正确对待社交退缩的幼儿，帮助他们增强自信，培养他们的社会交往能力是教师义不容辞的责任。学前儿童社交退缩症的矫正越早越好。

一、增强自尊心和自信心

教师和家长要对害羞和社交退缩儿童付出更多爱心和耐心，从心理上接纳他们，使儿童体会到怎样才是被尊重和尊重人，从中学会自我肯定。要有意识地为幼儿创造成功的机会，可以选些相对简单的任务让他们完成，当他们完成任务后，及时给予表扬和鼓励，让他们体验到成功的快乐，帮助他们建立自信。幼儿如能自尊自信，在交往时就能慢慢做到自然大方，乐于参与。

二、训练社会技能

缺乏社交技能往往是引起社交退缩的原因。教师要特别注意帮助幼儿提高社交技能。幼师要注意和幼儿特别是社交退缩的幼儿建立良好的师幼关系，重视师生双向沟通，让退缩儿童多发表意见，多参与集体活动。可以利用游戏对幼儿在交往中存在的不同问题有针对性地锻炼社交能力，如通过游戏练习日常对话、微笑、眼神接触、舒适的站和坐的姿势等，帮助幼儿把防卫式的交往态度逐渐转变为接纳、开朗、进取的积极态度。

三、创设宽松环境

家长要为这类幼儿创造一个开放式的家庭环境。如果家长能在幼儿社会交际处于萌芽阶段时，不失时机地为幼儿提供各种各样的社会生活和人际交往体验，就可以预防幼儿出现社交性退缩。倘若幼儿对社交已有了畏惧情绪，家长不能一味迁就，要鼓励幼儿勇敢地走出去，并给予一定支持，让他慢慢学习与同伴交往。教师可以有意识地为社交退缩的幼儿安排一些性格友善活泼的小伙伴，多给他们提供和同伴交流的机会，让他们感受同伴的关爱，体会友谊的快乐。

四、培养兴趣特长

家长可以根据孩子的特点有意识地培养他的兴趣爱好，如果幼儿擅长某一方面的活动，会极大地增强他的自信心，同时，共同的兴趣和爱好是幼儿友谊的基础，为幼儿创造更多的交友机会。

五、利用游戏与活动

爱游戏是幼儿的天性，游戏对儿童的心理发展具有不可替代的作用。我们可以针对社交退缩的学前儿童在交往中存在的不同问题，设计不同的游戏活动，为他们提供丰富宽松的成长环境，使幼儿在游戏和活动中自然地消除恐惧，打开心扉，融入集体。

六、加强体育运动

丰富多彩的体育活动可以培养学前儿童活泼开朗的性格和群体意识。心理学家李玫瑾主张幼儿4岁左右就应该开始体育运动，肌肉力量增强可以增加幼儿的控制感，有利于克服胆怯，增强自信。家长和教师可以有意识地引导和陪伴幼儿进行体育锻炼，在增强体质和磨炼意志的同时也帮助幼儿树立信心，增强社会适应能力。

七、注意循序渐进

教师和家长对学前儿童的社交退缩的矫治不能操之过急，否则就有可能加重幼儿对社会交往的焦虑和恐惧，欲速则不达，起到相反的作用。幼儿园和家庭要密切合作，注意方式方法的科学性，循序渐进，长期坚持，帮助幼儿走出困境。同时需要注意，内向和外向没有好坏之分，教师和家长要善于发现内向孩子的优点，激发孩子的潜能，因材施教。

任务实操9-2

小组讨论，列表总结学前儿童社交退缩的矫治措施，填入本项目末的活页中。

任务三　掌握学前儿童说谎行为的观察与指导

情境导入

【案例9-4】

可可，男，4岁。吃间餐时，可可因为和旁边的力力打闹把牛奶碰洒了，桌上、地上一片狼藉。

一名年轻教师看到了，很生气地问："是谁把牛奶弄洒的？一周不准玩滑梯！"

可可怯生生地看了一眼老师，低下了头没有说话。

"到底谁弄洒的？"老师提高了声音。

"是我弄的。"可可小声说。

老师见可可说谎，更生气了，说："到底是谁洒的牛奶，再没有人承认就都别玩滑梯了！"

"老师，是力力弄洒的，她不守纪律！"可可赶紧抬起头来说。

"不是我……"力力大哭起来。

这时主班王老师走了过来，让年轻老师先去安抚力力，她拉着可可的手温和地说："可可，谁都会犯错，咱们犯了错误，承认了、改了就是好孩子。说谎可不是好孩子啊！"

"老师，牛奶是我不小心碰洒的。"可可抱住主班老师"哇"的一声哭了出来，"可是我想玩滑梯！"

王老师摸着可可的头说："你能承认自己的错误，很勇敢啊，是个诚实的好孩子！但是你刚才说谎是不对的，为了惩罚你，一会儿玩滑梯的时候你要排在最后一个。"

可可听到后明显松了一口气，说："老师，我知道了，我以后再也不说谎啦！"

王老师说："但是你刚才弄洒了牛奶，还是要把它收拾干净。走，我们去拿工具！然后咱们再看看怎么才能保护牛奶宝宝不让它洒掉呢？"

任务提示

1. 说谎对学前儿童有什么危害？
2. 学前儿童说谎的常见原因是什么？

知识点拨

学前儿童说谎的含义与危害

说谎是一种语言行为，通过以言表意的行为达到以言行事和以言取效的结果。学前儿童说谎是指幼儿在没有事实依据的基础上有意或无意不说真话的行为。

学前儿童说谎的危害体现在以下几方面。

（1）说谎是讲假话、空话，不但不能解决任何问题，还会妨碍解决问题，不利于学前儿童的学习与发展。

（2）如果经常说谎会滋长学前儿童的虚伪性，使幼儿养成不诚实的品性，妨碍学前儿童养成优秀的道德品质。

（3）说谎会妨碍学前儿童的人际关系，容易造成与父母、老师、同伴和其他人的隔阂。一个经常说谎的人，会失去周围人的信任，造成即使有时说真话，也没有人敢轻易相信的结果。人如果失去别人的信任，很难建立良好的人际关系，不利于学前儿童健康成长。

（4）如果学前儿童长期说谎而得不到矫正，就会养成说谎的习惯，甚至变成嗜好，难以改正。

（5）如果学前儿童经常可以通过撒谎来逃避做错事的后果，就容易养成对事情不负责任的思维和习惯，严重妨碍幼儿责任心的培养。

📖 知识点拨

学前儿童说谎行为案例分析

案例 9-4 中，可可不小心打翻了牛奶，年轻老师的态度比较严厉和粗暴，还采取了威吓的手段，可可因为害怕老师的责备和惩罚，采取了说谎来逃避责罚。因为整整一个星期不让玩滑梯对于幼儿是极其严厉而让人痛苦的惩罚。

显然，年轻老师的做法是欠妥当的。与之相反，主班王老师的做法对于我们处理类似情况有着非常大的借鉴意义。

首先，王老师对可可的态度温和平静，通过肢体语言给他安全感，没有严厉训斥和恐吓。创造了一个相对宽松的气氛让可可说出事情真相。

其次，王老师虽然态度温和，但是对可可说谎的行为是坚定反对的，而且对说谎行为有适度的惩罚，这样可以让幼儿建立明确的是非观。

最后，王老师带可可收拾洒掉的牛奶，可以让他深刻地认识到所犯错误的后果，和可可一起讨论怎样防止牛奶再次洒掉的方法，可以帮助幼儿提高生活技能，丰富经验，防止以后类似错误的发生，有利于学前儿童的全面发展。

📖 知识点拨

学前儿童说谎的常见原因

一、逃避批评或惩罚

当学前儿童做错了事，害怕老师和家长批评或惩罚，会出现说谎的行为，特别是父母性格暴躁或平时管教比较严厉，孩子害怕成人打骂就会用说谎来逃避。

二、满足愿望或需求

学前儿童为满足愿望或需求，例如得到某个玩具或机会，或者想得到家长和老师的认可或注意，可能会采取说谎的方式来实现。例如，幼儿为了得到老师的认可，虽然午饭时偷偷将胡萝卜和青菜扔到垃圾篓里，却会告诉老师自己把午饭全部吃了。

三、分不清现实与想象

学前儿童的想象力丰富，认知能力有限，还分不清想象的情景和现实之间的界限，容易将想象的事物当成现实来描述，这是一种无意撒谎，尤其是年龄较小的幼儿更容易出现这种情况。例如，幼儿可能会告诉别人他家里有一只可爱的小狗，经常和自己说话。

四、模仿他人行为

幼儿喜欢模仿，如果成人不注意自己的言行说假话或者言行不一，既会引起幼儿的模仿，又容易造成幼儿对说谎行为错误的认知，认为说谎是被允许和鼓励的，这也是学前儿童说谎的重要因素。

知识点拨

学前儿童说谎的指导策略

诚信是人最宝贵的品质之一，帮助学前儿童改正说谎的习惯，教师和家长责无旁贷。我们可以从以下几方面入手。

一、惩罚要得当

学前儿童好奇心强，自制力差，认知能力差，容易出现错误，教师和家长应当给予幼儿试错、犯错的机会。教师和家长应当明白，运用惩罚手段的目的是帮助幼儿规范行为，改正错误，而不是发泄成人的情绪。当幼儿犯错误时，要认真调查研究，不要用过于严厉的惩罚来威胁幼儿，否则会让幼儿说更多的谎；如果幼儿只是出于不小心或者好奇、顽皮而无意做错了事，应该耐心进行指导教育，帮助并鼓励其改正错误；如果幼儿故意犯错还说谎，则要适当加重处罚，并告诉他，加重处罚的原因是他在第一个错误没改正的情况下，又犯了更严重的错误——说谎。让孩子明白说谎是不对的，说谎的后果是可能会受到更严厉的责罚，经常说谎会成为不被信任和欢迎的孩子。

二、减少说谎机会

如果已经确定幼儿做错了一件事，就要避免问已经知道答案的问题，尽量不给孩子说谎的机会。例如发现幼儿将玩具弄坏，不要问："玩具是谁弄坏的？"或者"玩具是你弄坏的吗？"而是应该直接告诉幼儿，玩具弄坏后应该如何补救，如何避免再次将玩具弄坏。

三、加强正面引导

教师和家长要告诉学前儿童诚实是一种美德，并对说真话的行为予以表扬和鼓励，让幼儿认识到说真话才会受到夸赞与认可。当说过谎的幼儿说真话时，一定要及时表扬他，如"老师很高兴你能承认错误。""你真是一个诚实有担当的孩子！"

四、做好榜样示范

学前儿童模仿能力很强，教师和家长要为他们做好诚实做人的榜样，不弄虚作假，避免谎话和借口。家长对不易做到的事情不要轻易许诺，答应幼儿的事情要遵守诺言。更不能有意欺骗幼儿，即使是关于疾病、死亡、离异等悲伤的事情，也最好不要隐瞒、欺骗孩子，可以有策略地告诉幼儿并注意进行心理疏导。

五、优化教育方法

教师和家长对幼儿的要求要切合实际，符合幼儿发展水平，平时要多关心他们的生活，建立相互信任、沟通良好的师幼关系和亲子关系，让幼儿敢于说真话。

六、提高认识能力

对于因年龄较小认知能力差的幼儿，要通过合适的方式方法提高他们的认知能力，帮助他们区分真实和想象。

七、避免贴标签

教师和家长要正确认识学前儿童说谎，不要轻易给幼儿贴上品行不好、爱说谎的负面标签，这会让他们认为自己真的是一个爱说谎的人，会导致一直重复说谎行为。

任务实操9-3

小组讨论，列表总结学前儿童说谎的矫治措施及注意事项，填入本项目末的活页中。

任务四 掌握学前儿童注意缺陷与多动障碍的观察与指导

情境导入

在案例 9-1 中，刚入职 5 个月的小秦老师发现超超特别好动就向超超妈妈了解情况。但是超超妈妈非常生气，还向园长投诉小秦老师对孩子有歧视。园长告诉小秦老师，判断一个孩子是否有问题行为需要非常谨慎，要掌握大量的相关知识。还要注意与家长交流的技巧，才能共同将家园合作做好，帮助幼儿更好地成长。

任务提示

1. 幼儿好动是不是多动症？
2. 教师应当怎样注意缺陷与多动障碍的幼儿？

知识点拨

注意缺陷与多动障碍的含义及危害

注意缺陷与多动障碍 (attention deficit and hyperactivity disorder，ADHD) 又称为多动症，是儿童期常见的一类心理障碍。这类患儿的智力正常或基本正常，但学习、行为及情绪方面有缺陷，表现为与年龄和发育水平不相称的注意力不集中和注意时间短暂、活动过度和冲动，常伴有学习困难、品行障碍和适应不良。该症于学前起病，呈慢性过程。该症不仅影响儿童的学校、家庭和校外生活，而且容易导致儿童持久的学习困难、行为问题和自尊心低，此类患儿在家庭及学校均难与人相处。如不能得到及时治疗，部分患儿成年后仍有症状，明显影响患者学业、身心健康以及成年后的家庭生活和社交能力。

多动症多呈慢性过程，症状持续多年，甚至终身存在。约70%的患儿症状会持续到青春期，30%的患儿症状会持续终身。更甚的是，因为孩童时期的忽略，会导致成人无论在工作表现、日常生活或人际关系的互动上都会产生困扰，以至于陷入自信心不足、挫折、沮丧、不明的脾气暴躁，甚至产生忧郁症。另外，继发或共患破坏性行为障碍及情绪障碍的危险性也提高，成年期物质依赖、反社会人格障碍和违法犯罪的风险亦可能增加。对被诊断为小儿多动症的患儿如果不尽早治疗，在成人期可能出现人格障碍甚至违法犯罪等反社会行为，对患者学业、职业和社会生活等方面产生广泛而消极的影响。

知识点拨

注意力缺陷多动障碍的原因

注意缺陷多动障碍病因不清，目前认为注意缺陷多动障碍是由多种生物学因素、心理因素及社会因素单独或协同作用造成的一种综合征，好发于青少年、儿童及早产儿。

一、遗传因素

研究表明注意缺陷多动障碍与遗传因素有关，有该障碍的儿童，其生物学亲属的心理障碍往往比非注意缺陷多动障碍儿童的亲属多，尤其是抑郁、酒瘾、品行问题或反社会行为、多动，这些研究提示注意缺陷多动障碍可能有遗传倾向。

二、神经生理学因素

注意缺陷多动障碍患儿脑电图异常率高，主要为慢波活动。增加脑电图功率谱分析挂号发现慢波功率增加，α波功率减小，平均频率下降。提示该障碍患儿存在中枢神经系统成熟延迟或大脑皮质的觉醒不足。

三、轻微脑损伤

母孕期、围生期及出生后各种原因所致的轻微脑损伤可能是部分患儿发生该障碍的主要原因，但没有单一一种脑损伤存在于所有障碍患儿，而且许多车祸患儿也没有脑损伤的证据。

四、神经生化因素

有研究表明，该障碍可能与中枢神经递质代谢障碍和功能异常有关，包括多巴胺和肾上腺素更新率降低，多巴胺和去甲肾上腺素功能低下等。

五、神经解剖学因素

磁共振研究报道该障碍患儿存在胼胝体和尾状核体积的减小，功能核磁研究报道该障碍患儿尾状核、额区、前扣带回代谢减少。

六、心理社会因素

不良的社会环境、家庭环境，如经济过于贫穷、父母感情破裂、教育方式不当等均可增加儿童患该障碍的概率。

七、其他中间因素

该障碍可能与缺乏锌、铁、血铅增高有关。可乐、咖啡、食物添加剂可能增加儿童患该障碍的危险性。

知识点拨

注意力缺陷多动障碍的表现与分型

多动症有两大主要症状，即注意障碍和活动过度，可伴有行为冲动和学习困难。通常起病于6岁以前，学龄期症状明显，随年龄增大逐渐好转。部分病例可延续到成年。

一、注意障碍

注意障碍为本症最主要的表现之一，也是本症必须具备的症状。患儿主动注意减退，被动注意增强，表现为注意力不集中，上课不能专心听讲，易受环境的干扰而分心。注意对象频繁地从一种活动转移到另一种活动。有些患儿表现为凝视一处，走神，发呆，眼望着老师，但脑子里不知想些什么。老师提问时常不知道提问的内容。

二、活动过度

活动过度为本症另一常见的主要症状。表现为明显的活动增多，过分地不安静，来回奔跑或小动作不断，在教室里不能静坐，常在座位上扭动，或站起，严重时离开座位走动，或擅自离开教室。话多，喧闹，插嘴，惹是生非，影响课堂纪律，以引起别人注意。喜观玩危险的游戏，常常丢失东西。多动有两种类型：一是持续性多动。患儿的多动性行为见于学校、家中等任何场合，常较严重。二是境遇性多动。多动行为仅在某种场合（多数在幼儿园），而在另外场合（家中）不出现，各种功能受损较轻。

三、冲动

表现为情绪不稳，易激惹冲动，任性，自我控制能力差。易受外界刺激而过度兴奋，易受挫折。行为不考虑后果，出现危险或破坏性行为，事后不会吸取教训。

四、学习困难

多动症患儿智力是正常或基本正常的，学习困难的原因与注意力不集中、多动有关。出现学习困难的时间，决定于智力水平及多动症的轻重程度。智力水平中下的严重多动症患儿在学龄早期就可出现学习困难。智力水平较高、多动症状较轻的，可在初中阶段才出现学习困难。

扫码学习 9.3 注意力缺陷多动障碍的诊断与分型微课

五、神经系统发育障碍

有半数左右患儿可见有神经系统软体症，表现为快速轮替动作笨拙，共济活动不协调，不能直线行走，闭目难立，指鼻试验阳性，精细运动不灵活，部分患儿可有视觉 – 运动障碍、空间位置觉障碍等。

📖 知识点拨

注意力缺陷多动障碍与好动的鉴别

现在，有许多家长为自己孩子的好动而发愁，担心他们是否患了多动症。幼儿园大多数的教师也都喜欢比较安静的孩子，而顽皮的孩子则被作为坏孩子对待，有的教师还会对这些好动的孩子或家长说孩子是多动症。其实好动与多动症是有本质区别的。好动是幼儿这个年龄阶段的天性，是正常的，只不过需要对幼儿加以引导，使他们逐渐建立纪律意识；多动症则是一种疾病，需要专业的医生进行专业的检查才能做出诊断。当然对活动过多的孩子还需要加以仔细观察，既不能把一个正常好动的孩子定义为多动症，又要及时发现有多动症症状的孩子并及时就医诊治。注意力缺陷多动症与好动的鉴别主要注意以下几点。

（1）注意力与兴趣的关系。多动症儿童无一兴趣爱好，无论何时何地，不能较长时间地集中注意力，具有注意力缺损症状。而好动的孩子做他所喜欢的事能专心致志地去做，并讨厌别人的干涉和影响，他上课及做功课时表现不安宁，主要是因为对学习缺乏兴趣。

（2）行动的目的性、计划性及系统性。好动的孩子的行动常具有一定目的，并有计划及安排。多动症患儿的行动常呈冲动式、杂乱，有始无终。

（3）自制能力。好动的孩子在严肃的、陌生的环境中，有自我控制能力，安分守己不再胡乱吵闹。多动症患儿却无此能力，常被指责为"不识相"。

扫码学习 9.4 注意力缺陷多动症与好动的鉴别微课

另外，如果幼儿在活动中注意力不集中，参与的积极性不高，不能一味责怪幼儿，教师要反思活动的目的是否有价值，活动的形式、内容、方法是否符合幼儿的心理发展水平，及时进行调整。

任务实操9-4

上网查找游泳运动员菲尔普斯的相关资料，思考这个案例对我们有什么启示。

任务五　掌握学前儿童习惯性阴部摩擦的观察与指导

情境导入

【案例9-5】

一位参加工作不久的幼师在朋友圈晒出了一张幼儿的照片并配以文字说明：一言不合就这样。照片中的男孩3岁左右，脸色通红，目视前方，两腿交叉、夹紧。

任务提示

1. 该幼师的行为是否得当？为什么？
2. 发现幼儿有不合常规的行为应如何处理？

知识点拨

学前儿童习惯性阴部摩擦的表现与危害

习惯性阴部摩擦，也叫情感性交叉擦腿，是指幼儿两腿交叉上下移擦，年龄稍大的儿童则靠在突出的家具角上或骑坐在某种物体上活动身体，摩擦阴部。多于入睡前、睡醒后或独自玩耍时发生。此时，儿童多面部潮红、眼神凝视、表情不自然。

好发于1~3岁，女孩明显高于男孩。本病征病因尚未明确。研究的结果表明其发病可能与神经介质紊乱有关，可由胆碱系统代谢障碍进而引起多巴胺功能亢进所致；局部的刺激，如外阴部的炎症、湿疹、包皮过长、包茎、蛲虫感染等常常引起局部瘙痒，是幼儿出现摩擦外生殖器行为的常见诱因，尔后在此基础上发展成习惯动作，也有的儿童因为寂寞而玩弄生殖器，常见于男孩。不良环境、情绪紧张焦虑等常常可加剧这种行为，儿童将此作为缓解情绪焦虑和自慰的一种手段。

习惯性阴部摩擦如果长期得不到矫正，幼儿容易因受周围人的歧视和嘲笑而出现焦虑、自卑、孤僻、社交退缩等情况。

知识点拨

学前儿童习惯性阴部摩擦的指导策略

由于受到我国传统文化道德观念的影响，家长往往会将这种行为视为不道德的行为，因此在发现幼儿出现这样的行为时常常会过度恐慌和情绪焦虑，多以打骂等粗暴的方式来对待儿童，有的家长甚至恐吓儿童。对待出现这些情况的家长应该进行宣传和指导。偶尔的习惯性交叉擦腿行为是儿童生长发育过程中的正常现象，不是病态，但反复频繁地出现则会影响身体的健康，也会影响儿童的学习与发展。如果儿童出现阴部摩擦行为，家长通常可以采取以下措施。

一、发作时分散注意力

发现幼儿发作时，家长和教师可以用各种方式来分散幼儿的注意力。例如改变幼儿入睡时的姿势和体位，给幼儿讲故事、听音乐或者抱起来走一走，也可以唤醒他，或给以玩具；如果是在幼儿园，可以带领幼儿做做拍手游戏等。

二、去除局部因素

注意儿童外阴部清洁卫生，以保持外生殖器的清洁；治疗局部感染；驱除蛲虫等；更不要让幼儿穿紧身衣裤，或者穿得太多太热，建议穿较宽松的纯棉长裤，使手不方便触及外生殖器。

三、注意调整作息

多数习惯性阴部摩擦发生在入睡之前或者醒来时，因此不要让幼儿过早上床睡觉，改变幼儿入睡时的姿势和体位，尽量不要趴着睡，睡醒后立即提醒或帮助幼儿穿衣起床，避免发作。

四、切忌打骂羞辱

当学前儿童出现习惯性阴部摩擦行为时，教师和家长切忌责怪、打骂、羞辱、讥讽，以免加重幼儿的心理压力；年龄较大的儿童有这个习惯时，往往受人们的歧视而出现自卑、退缩等情况，教师和家长应付出更多耐心鼓励他们主动、有信心地克服这一习惯。

五、鼓励参加活动

幼儿园和家长可以为幼儿安排丰富多彩的活动，多参加活动，多和小伙伴玩耍，培养更多的爱好，可以使其逐渐失去对阴部摩擦的兴趣，有利于改变这一习惯。

任务实操9-5

1. 小组讨论案例 9-5 中幼师哪些地方欠妥？

2. 如果你是案例 9-5 中的教师，为帮助这名幼儿，你计划从哪些方面做呢？将想法填入本项目末的活页中。

课后提升

巩固提升

一、判断题（请在你认为正确的题目后打"√"，错误的打"×"）

1. 问题行为会阻碍学前儿童正常的学习和发展，影响他们的生活和成长，如果得不到及时科学的指导和矫正，也有可能发展为成年期心理障碍。　　（　　）

2. 我们在运用冷处理来处理幼儿的攻击行为时，即对其不予理睬，让其他小朋友几天内也不和他玩。　　（　　）

3. 教师发现幼儿习惯性阴部摩擦要及时告诉他／她立即停止。　　（　　）

4. 幼儿活泼好动并不等同于多动症。　　（　　）

5. 幼儿撒谎是品德问题，教师需要认真对待。　　（　　）

二、请制作本项目思维导图

请在单独页面制作思维导图。

拓展资源

1. 学前儿童其他问题行为的识别

2. 经典推介

《幼儿问题行为的识别与应对》（美 Eva Essa）

（以下两页可拆下用于完成任务）

扫码学习 9.5 学前儿童其他问题行为的识别微课

✦ 任务实操活页

任务实操9-1

分析萍萍的情况，请尝试为萍萍制定一个攻击性行为矫正方案。

_____

_____

_____

_____

_____

任务实操9-2

小组讨论，列表总结学前儿童社交退缩的矫治措施。

学前儿童社交退缩的矫治措施

矫 治 措 施	具 体 措 施

任务实操9-3

小组讨论，列表总结学前儿童说谎的矫治措施及注意事项。

学前儿童说谎的矫治措施

矫 治 措 施	具体措施及注意事项

任务实操9-4

上网查找游泳运动员菲尔普斯的相关资料，思考这个案例对我们有什么启示。

_____

_____

_____

_____

_____

_____

任务实操9-5

1. 小组讨论案例 9-5 中幼师哪些地方欠妥?

_____

_____

_____

_____

_____

_____

2. 如果你是案例 9-5 中的教师，为帮助这名幼儿，你计划从哪些方面做呢?

_____

_____

_____

_____

_____

_____

✦ 任务实操考核评价

班级_____ 组别_____ 姓名_____ 学号_____ 日期_____ 评价项目_____

评价阶段	评价内容	分值	佐证材料	学生自评	小组互评	教师评价	平台数据
课前自学	"扫码学习"完成度	10	平台数据				
	自学自测	10	是否完成测试题				
课中实训	任务实操9-1完成情况	10	实操作业				
	任务实操9-2完成情况	10	实操作业				
	任务实操9-3完成情况	10	实操作业				
	任务实操9-4完成情况	10	实操作业				
	任务实操9-5完成情况	10	实操作业				
	尊重儿童个体差异、尊重儿童权利	5	保教过程中是否具有法律意识,能够遵守伦理道德,尊重儿童个体差异				
	学前教育工作者的仁爱之心	5	是否对有问题行为的幼儿更具爱心与耐心				
课后提升	巩固提升	10	平台数据				
	拓展资源完成度	10	平台数据				
项目得分			教师签名				

评价说明：项目评价分值仅供参考，教师可以根据实际情况进行调整。在本项目完成之后，由任课教师主导，采用过程性评价与结果评价相结合，综合运用自我评价、小组评价和教师评价三种方式,由教师确定三种评价方式分别占总成绩的权重,计算出学生在本项目的考核评价得分(平台数据完成的打"√",未完成的打"×")。

参 考 文 献

[1] 陈鹤琴 . 儿童心理之研究 [M]. 北京：商务印书馆 ,2021.

[2] 教育部 . 幼儿园教育指导纲要（试行）.2001.

[3] 李季湄，冯晓霞 .3~6 岁儿童学习与发展指南 [M]. 北京：人民教育出版社 ,2013.

[4] 教育部师范教育司 . 幼儿心理学 [M]. 北京：北京师范大学出版社 ,1999.

[5] 罗伯特，费尔德曼 . 发展心理学 [M]. 苏彦捷，译 . 北京：世界图书出版公司 ,2007.

[6] 布里姬特 · 贾艾斯 . 发展心理学 [M]. 宋梅，译 . 哈尔滨：黑龙江科学技术出版社 ,2007.

[7] 林崇德 . 发展心理学 [M]. 北京：人民教育出版社 ,2008.

[8] 鲁道夫 · 谢弗 . 儿童心理学 [M]. 王莉，译 . 北京：电子工业出版社 ,2010.

[9] 贝蒂 . 幼儿发展的观察与评价 [M].7 版 . 郑福明，费广洪，译 . 北京：高等教育出版社 ,2011.

[10] 蔡春美，洪福才，邱琼慧，卢以敏，张明杰 . 幼儿行为观察与记录 [M]. 上海：华东师范大学出版社 ,2013.

[11] 陈帼眉 . 学前儿童发展与教育评价手册 [M]. 北京：北京师范大学出版社 ,1994.

[12] Carole Sharman. 观察儿童实践操作指南 [M].3 版 . 单敏月，王晓平，译 . 上海：华东师范大学出版社 ,2008.

[13] 黄意舒 . 儿童行为观察及省思 [M]. 台北：心理出版社 ,2008.

[14] 黄意舒 . 儿童行为观察法与应用 [M]. 台北：心理出版社 ,1996.

[15] [美] 盖伊 · 格朗伦，贝夫 · 英吉儿 . 聚焦式幼儿成长档案：幼儿完全评估手册 [M]. 季云飞，高晓妹，译 . 南京：南京师范大学出版社 ,2007.

[16] 姜勇 . 儿童发展指导 [M]. 北京：北京师范大学出版社 ,2004.

[17] 科恩 . 幼儿行为的观察与记录 [M].5 版 . 马燕，马希武，译 . 北京：中国轻工业出版社 ,2013.

[18] 刘晶波 . 社会学视野下的师幼互动行为研究 [M]. 南京：南京师范大学出版社 ,2006.

[19] 上海市教育委员会 . 上海市学前教育课程指南 (试行稿)[M]. 上海：上海教育出版社 ,2004.

[20] Sheila Riddall-Leech. 观察：走进儿童的世界 [M]. 潘月娟，王艳云，译 . 北京：北京师范大学出版社 ,2008.

[21] 施燕，韩春红 . 学前儿童行为观察 [M]. 上海：华东师范大学出版社 ,2011.

[22] 施燕，章丽 . 幼儿行为观察与记录 [M]. 上海：华东师范大学出版社 ,2015.

[23] 王坚红 . 学前儿童发展与教育科学研究方法 [M]. 北京：人民教育出版社 ,1991.

[24] 王云霞 . 学前儿童心理与行为观察 [M]. 上海：上海科学技术出版社 ,2010.

[25] 沃伦 · R · 本特森 . 观察儿童——儿童行为观察记录指南 [M]. 于开莲，等，译 . 北京：人民教育出版社 ,2009.

[26] 希拉 · 里德尔 - 利奇 . 儿童行为管理 [M]. 刘晶波，译 . 南京：南京师范大学出版社 ,2009.

[27] 朱家雄，等 . 纪录，让儿童的学习看得见 [M]. 福州：福建人民出版社 ,2008.

[28] 侯素雯，林建华 . 幼儿行为观察与指导这样做 [M]. 上海：华东师范大学出版社 ,2014.

[29] 王烨芳 . 学前儿童行为观察与分析 [M]. 南京：江苏教育出版社 ,2012.

[30] 刘芳，张潺 . 幼儿行为观察与分析案例教程 [M]. 北京：人民邮电出版社 ,2020.

[31] 尹少淳 . 美术课程标准解读 [M]. 北京：北京师范大学出版社 ,2003.

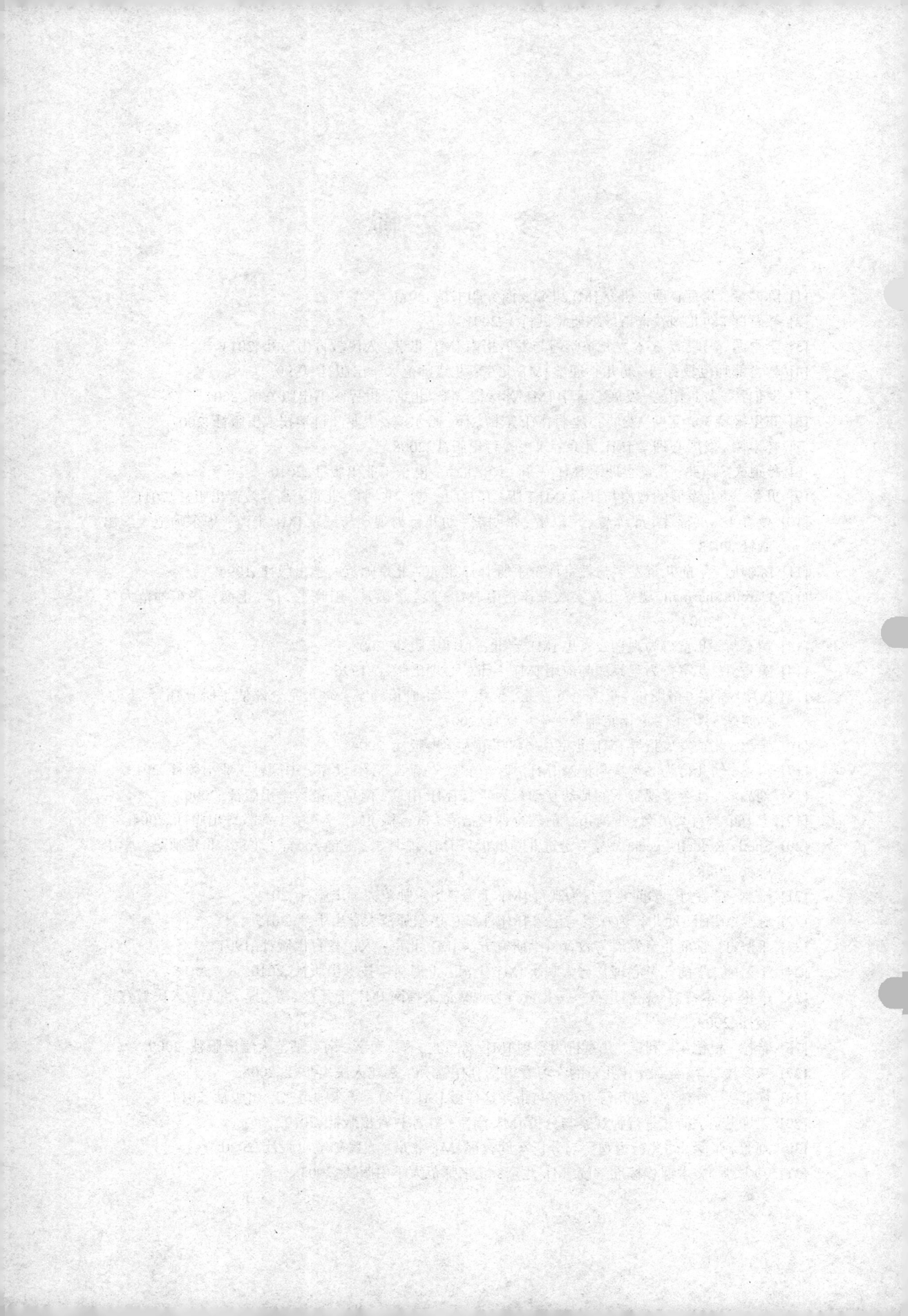